INTRODUCTION

Après deux siècles de projets divers et deux débuts de forage arrêtés en 1883 et 1974, le Tunnel sous la Manche est une réalité physique depuis le 28 juin 1991, avant de devenir bientôt un des plus grands systèmes de transport souterrains du monde : 150 km de tunnels sont forés entre la France et la Grande-Bretagne, et passent sous le détroit du Pas de Calais. A travers une histoire riche en succès et en crises depuis son lancement en 1986, le projet Eurotunnel a réussi à s'imposer comme « le plus grand projet privé du siècle ». L'ampleur des travaux, la technique et la rapidité des forages ont légitimement impressionné l'opinion; en revanche, de nombreux autres aspects essentiels du projet sont moins connus; seule leur prise en compte peut permettre d'entrevoir la dimension, la complexité et l'originalité d'une entreprise hors normes : la réalisation du Tunnel sous la Manche. Nous tenterons une telle vision d'ensemble d'un projet « plus fort que les hommes qui l'ont fait » selon un de ses initiateurs, plutôt que de suivre en détail les péripéties et soubresauts qui le placent régulièrement sous les feux de l'actualité[1] ou que de l'aborder en spécialiste de tel ou tel domaine.

1. L'auteur tient à remercier la Direction de la Communication d'Eurotunnel et en particulier Christian Antoni, directeur de l'information, Sarah Le Ménestrel pour sa préparation du chapitre historique ainsi qu'Yves Machefert-Tassin pour ses indications précieuses.

L'historique des projets « transmanche » montre avec quelle difficulté cette grande idée a fini par se concrétiser en 1985-1986, sous la forme du projet Eurotunnel (chap. I). Une organisation complexe et originale a été mise en place (chap. II). Pour réaliser un système de transport ferroviaire sous la Manche capable de prendre en charge les véhicules routiers (chap. III), il fallait forer trois tunnels parallèles de 50 km de long chacun (chap. IV), mais également procéder à la réalisation complexe du système de transport ferro-routier sous la Manche (chap. V); enfin, assurer un financement entièrement privé d'un tel projet était une opération particulièrement délicate (chap. VI). En attendant un impact économique qui devrait être important (chap. VII), la réalisation du Tunnel sous la Manche a d'ores et déjà marqué profondément les opinions française et britannique (chap. VIII).

Le Tunnel sous la Manche a été inauguré le 6 mai 1994 et mis progressivement en exploitation commerciale au cours des mois suivants. Au début de 1995, les trains à grande vitesse Eurostar, les trains de marchandises, les navettes pour camions, les navettes pour voitures font du système de transport Eurotunnel une réalité quotidienne et déjà quasiment banale. En 1995, une montée en puissance technique et commerciale rapide du système de transport reste nécessaire pour que l'entreprise concessionnaire puisse faire face à ses échéances : l'aventure technique et financière du projet Eurotunnel n'est pas finie même si la géographie des transports entre la Grande-Bretagne et le Continent est déjà changée, définitivement.

Chapitre I

HISTORIQUE

I. — La Manche à travers l'Histoire

Pendant la dernière glaciation du quaternaire, la Grande-Bretagne était reliée au Continent par un isthme qui fut ensuite recouvert par la mer : la coupure définitive entre les îles Britanniques et le Continent ne date donc que de 8000 avant J.-C. environ. A la fois rempart naturel et voie de communication maritime tout au long de l'histoire, la Manche — Channel en anglais — a permis à la Grande-Bretagne d'échapper aux invasions pendant des siècles.

A portée de vue mais détaché du Continent, l'archipel britannique excitait déjà imagination et convoitises sous l'Antiquité ; des légendes couraient sur ses richesses fabuleuses : gisements d'or, d'argent et de fer, perles gigantesques... En 54 avant J.-C., César monte une première expédition romaine en Angleterre pour intimider ces Bretons qui s'étaient alliés aux Gaulois contre lui. Au siècle suivant, l'empereur Claude intègre l'île de Bretagne à l'Empire ; l'empereur Hadrien fera ensuite construire un mur de pierre de 110 km de long au nord de l'Angleterre pour la protéger des incursions des Scots, barbares d'Ecosse. Les Romains se retireront précipitamment au début des grandes invasions, laissant le champ libre aux Angles, aux Jutes et aux

Saxons venus d'Allemagne ; c'est la fin de l'Angleterre celtique : les Bretons fuirent vers les montagnes et... la Bretagne à qui ils donneront leur nom. Pendant tout le haut Moyen Age, la Manche servira de frontière pacifique entre une Angleterre anglo-saxonne soumise à la pression scandinave, d'une part, l'Europe mérovingienne puis carolingienne, d'autre part ; de multiples évangélisateurs, évêques et savants traverseront la Manche dans les deux sens avant qu'elle devienne une véritable « mer viking » au IXe siècle.

En 1066, une seconde invasion de l'Angleterre à travers la Manche a été un véritable tournant de l'histoire de l'Angleterre. A la mort du roi Edouard le Confesseur, Harold s'était emparé de la couronne, pourtant promise à Guillaume le Bâtard, duc de Normandie. Le prétendant traversa la Manche à la tête d'une armée de 50 000 hommes et remporta la victoire à Hastings le 14 octobre 1066, devenant Guillaume le Conquérant. Une aristocratie normande francisée s'installe : le vieux français devient la langue de la cour royale d'Angleterre pour plusieurs siècles. La Grande-Bretagne ne se coupera définitivement de la France qu'après la guerre de Cent ans, renonçant à ses grandes ambitions territoriales en Europe. La Manche séparera désormais deux mondes : l'Angleterre qui formera le Royaume-Uni puis l'Empire britannique outremer, d'une part, « le Continent », d'autre part.

Protégée par la Manche et par sa flotte, la Grande-Bretagne défendra victorieusement son indépendance contre les puissances européennes dominantes : les projets d'invasion montés par l'Espagne au XVIe siècle, la France au début du XIXe, enfin l'Allemagne au XXe siècle échoueront devant la Manche. En 1588, Philippe II d'Espagne mobilise une flotte considérable pour punir l'Angleterre protestante de l'exécution de Marie Stuart. L' « Invincible Armada », mal nommée, fut dispersée par les Britanniques et anéantie par les tempêtes de l'Atlantique. En 1805, Napoléon prépare une nouvelle tentative à partir de Boulogne. L'empereur voulut faire diversion sur l'océan Atlantique pour obtenir la maîtrise de la Manche pendant au moins six jours : ce fut le désastre de Trafalgar. Enfin, l'été 1940, l'aviation britannique remporte la bataille d'Angleterre contre la Luftwaffe, décourageant toute tentative d'invasion allemande ; quatre ans plus tard, le débarquement du 6 juin 1944 sonnait le glas de la domination hitlérienne en Europe de l'Ouest. Une fois encore, la Manche avait aidé la Grande-Bretagne à faire face à un ennemi.

II. — **Deux siècles de projets en tous genres et de blocages politiques**

1. **1750-1874 : les précurseurs.** — L'idée de « rétablir » les liens préhistoriques entre la Grande-Bretagne et l'Europe apparaît après que le géologue et physicien Nicolas Desmarets (1725-1815) révèle l'ancien rattachement de l'Angleterre au continent à l'occasion d'un concours organisé en 1750 sur le thème de l'amélioration de la traversée de la Manche. Le premier projet connu est l'œuvre d'Albert Mathieu-Favier en 1801, sur le principe d'un tunnel foré composé de deux galeries superposées : l'une, pavée et éclairée par des becs à huile, était destinée aux malles-postes, l'autre servirait à l'écoulement des eaux d'infiltration. Le tunnel aurait émergé au milieu du Détroit au banc de Varne ; une île artificielle aurait servi de refuge et de halte aux voyageurs. En 1802, les dirigeants français et britanniques se déclarèrent intéressés mais la reprise des guerres napoléoniennes conduisit très vite à l'oubli du projet. Ce blocage politique ne fut que le premier d'une longue suite : formulée par un Français pendant la tourmente de la

Révolution et de l'Empire, l'idée d'un Tunnel sous la Manche restera longtemps suspecte aux yeux des Britanniques et notamment de leurs militaires.

Un autre grand précurseur fut l'ingénieur français **Aimé Thomé de Gamond** (1807-1876). Dès 1833, il conçoit différents types d'infrastructures, avant d'opter pour un tunnel ferroviaire foré. S'il mérite le nom de « père du Tunnel », c'est sans doute parce qu'il a consacré sa vie à cette idée, s'acharnant à recueillir tous les éléments susceptibles d'intervenir dans la réalisation d'un tunnel sous la Manche. Il décida d'aller lui-même sonder les fonds du détroit en apnée, avant de manquer de s'asphyxier avec un scaphandre ! Il a ainsi constitué un « écrin géologique » comprenant 74 échantillons sous-marins et est parvenu à entrevoir la continuité géologique des bassins de Londres et de Paris. Le mérite de Thomé de Gamond est certainement d'avoir appuyé ses plans sur une base scientifique et par là même d'avoir apporté un début de crédibilité technique à ses projets. En 1856, la reine Victoria, sujette au mal de mer, aurait bien accueilli le projet mais le prince Albert s'est fait apostropher par Palmerston, secrétaire d'Etat au Foreign Office : « Quoi ! vous prétendez nous faire contribuer à une opération dont le but serait de raccourcir une distance que déjà nous trouvons trop courte ! » Napoléon III et la reine Victoria approuvèrent le dernier projet de l'ingénieur en 1867, mais en 1870 la guerre le fit suspendre comme en 1858 après l'attentat d'Orsini, réfugié en Angleterre, contre Napoléon III : l'examen des projets suivait les vicissitudes des relations franco-britanniques. Evincé par un ancien condisciple, Thomé de Gamond ne participera pas aux projets des années 1870 et mourra en 1876.

Les figures les plus marquantes de l'histoire des projets d'infrastructure transmanche ont opté pour la solution du tunnel foré, mais beaucoup d'autres projets de tous les genres ont également été conçus. En 1803, l'Anglais Mottray avait lancé l'idée d'immerger un tube métallique dans un fossé creusé au fond du Détroit. Il évitait ainsi le problème du relief accidenté du fond de la Manche. Mais l'énorme pression supportée par la voûte de même que l'étanchéité posaient des problèmes non résolus. Thomé de Gamond y avait songé lui aussi, tout comme aux digues et aux jetées, plus fidèles au paysage d'antan, un isthme. Mais là, les ingénieurs se heurtèrent à l'hostilité des marins se plaignant de l'étroitesse des passages prévus pour leurs bateaux. Cette difficulté fut contournée par le pont-tube de A. Mottier en 1875 qui devait reposer sur des piles coniques. Mais comment installer les tronçons de 16 km chacun ? Enfin, l'idée d'une loco-motive sous-marine imaginée en 1869 par le Dr Payerne mérite sans doute la palme de l'extravagance ! Cette concurrence entre les différentes idées de lien fixe renaîtra à chaque nouveau projet, jusqu'en 1985.

2. 1874-1883 : la première entreprise de construction d'un Tunnel sous la Manche. — Au milieu du XIXe siècle, la multiplication des projets de lien fixe transmanche s'inscrit dans une période de fort déve-loppement des transports suscité par la diffusion du chemin de fer et de la marine à vapeur. Les construc-tions d'infrastructures, notamment de tunnels, se mul-tiplient : le métro de Londres, ouvert en 1869, passe par un tunnel foré sous la Tamise. La Savoie est reliée au Piémont en 1871 par le tunnel du mont Cenis, de 12 km ; en 1872, le tunnel du mont Saint-Gothard entre l'Italie et la Suisse est mis en chantier. Le projet de Tunnel sous la Manche prend forme au début des années 1870, sans grande difficulté au départ. En 1874, les gouvernements français et britannique s'accordent pour accorder la concession de tunnels ferroviaires forés à deux sociétés : *The Channel Tunnel Company* du côté britannique, l'*Association française du tunnel sous-marin entre la France et l'Angleterre,* du côté fran-çais, qui va rapidement obtenir une concession de quatre-vingt-dix-neuf ans. Une commission internatio-nale mixte créée en 1875 règle les problèmes de droit international par un protocole. Le Parlement britannique refuse de le ratifier, estimant les capitaux de la société anglaise insuffisants : celle-ci va d'ailleurs céder la place à sir Edward Watkin et à sa société *The Submarine Continental Railway Company*. A ce moment, la première carte géologique du sous-sol marin du Détroit permet de commencer les travaux. Un premier puits fut foré près de Sangatte, non loin du puits actuel, puis le choix d'un nouveau tracé conduisit à en creuser un second deux ans plus tard. Le sol en craie friable ne se prêtait pas à un creusement à l'explosif. Deux sortes de « perforatrices » furent mises au point et successivement utilisées : la machine Brunton puis la machine Beaumont-English, plus performante, dont le principe était comparable à celui de nos tunneliers actuels (voir chap. IV). De part et d'autre de la Manche, deux engins progressaient à une vitesse maximale de 400 m par mois, ce qui permettait d'espérer que l'on viendrait à bout du forage en quatre ou cinq ans. Après élargissement de la galerie, les deux pays auraient alors été reliés par un premier tunnel de 4,20 m de diamètre, dans lequel les trains auraient été tractés par des locomotives à air comprimé, afin d'éviter d'émettre des fumées.

3. **Soixante-dix ans de vetos systématiques des militaires britanniques.** — Au moment où le Tunnel sous la Manche semblait être devenu techniquement réalisable, la vieille méfiance britannique vis-à-vis du Continent allait l'emporter sur le dynamisme des ingénieurs et des entrepreneurs.

Pendant la première moitié du XIXe siècle, l'Angleterre avait craint plusieurs fois la possibilité d'une agression française. En 1881, le lancement des forages a donné le signal d'une véritable campagne d'opinion contre le projet : ses détracteurs agitaient le spectre d'un risque permanent d'invasion, véritable épée de Damoclès suspendue sur la Grande-Bretagne : des scénarios apocalyptiques montraient une Angleterre envahie pendant la nuit par des cohortes de soldats armés jusqu'aux dents. Des caricatures croquaient le coq gaulois surgissant du Tunnel et mettant en fuite le lion britannique. Sir Garnet Wolseley, officier de l'armée victorienne, jouera un rôle décisif dans cette campagne en soutenant que le Détroit reste la protection la plus sûre de l'Angleterre et en faisant flèche de tout bois contre le projet. Le marasme de la « Grande Dépression » économique des années 1880 inquiétait : un afflux d'importations par le Tunnel menacerait ; l'immigration pourrait répandre le choléra ; alors que de nombreux Britanniques étaient encore obligés d'émigrer outre-mer, les miséreux risqueraient de déferler... Les craintes d'invasion ne seront pas apaisées par des propositions de prévoir une destruction du tunnel au moindre danger. Inondations, envois de gaz, barrage, emploi de la dynamite, aucun de ces moyens ne trouve grâce aux yeux des opposants. L'habile campagne des conservateurs et des militaires est soutenue par la presse anglaise : la Nineteenth Century lance en 1882 un appel de signatures contre le projet. Soldats, marins, hauts magistrats, hommes d'Eglise, représentants de la vieille aristocratie et de nombreuses personnalités se joignent aux protestations. Devant une telle opposition, le gouvernement finit par se décider dès 1882 à nommer une commission parlementaire pour statuer sur la poursuite du projet et suspend les travaux. La position de Sir Wolesley l'emporte, qui déclare : « En autorisant un tunnel entre la France et l'Angleterre, on détruit la principale défense de ce pays, sur laquelle il compte le plus, l'isolement. » En 1883, le gouvernement britannique décide l'arrêt définitif des travaux. Les Français abandonnent 1 669 m de galeries, les Anglais 1 883 m.

Au début du XXe siècle, l'argument militaire revient faire obstacle à tout nouveau projet. En 1907, le gouvernement anglais se prononce contre la construction du Tunnel, après consultation du Comité de Défense impériale. En 1909, Louis Blériot réalise la première traversée du détroit du Pas-de-Calais en aéroplane : la Manche pouvait maintenant être franchie par les airs en trente-sept minutes ; la protection par la mer devenait de moins en moins absolue. La Première Guerre mondiale montrera ensuite que l'Angleterre ne peut pas rester à l'écart de l'Europe ; le maréchal Foch déclara qu'un Tunnel sous la Manche aurait représenté un atout militaire majeur pour les Alliés. Le gouvernement britannique décide d'examiner une fois encore le projet. Un comité d'enquête conclut que le tunnel est le seul mode de liaison transmanche satisfaisant et que « quoique certains intérêts seront probablement lésés, la construction d'un Tunnel sous la Manche, en créant un trafic nouveau et en aidant par là même le commerce, serait économiquement avantageuse pour l'Angleterre ». Cependant, les conseillers militaires s'en tiennent à leur refus traditionnel de toute idée de Tunnel. Au grand dam de Winston Churchill, leur point de vue prévaut. Il faudra attendre février 1955 pour que Macmillan, alors ministre britannique de la Défense, débloque officiellement le dossier en déclarant devant le Parlement qu'il n'y a plus d'objection militaire à un Tunnel sous la Manche.

III. — 1955-1985 : la genèse hésitante du projet final de lien fixe transmanche

1. **L'échec du projet des années 1960.** — La création de la CEE en 1957 favorisa la reprise de l'idée d'une liaison fixe transmanche mais le montage du projet demanda quatorze ans. Le Groupement d'Etudes pour le Tunnel sous la Manche (GETM) fut créé le 26 juillet 1957 par la France et la Grande-Bretagne,

afin de mener à bien les études communes nécessaires. En 1960, les experts se sont prononcés en faveur d'un tunnel ferroviaire double. Les gouvernements lancent un appel d'offres en 1967. Le tunnel ferroviaire foré est finalement préféré. Les gouvernements demandèrent aux soumissionnaires de se regrouper ; ainsi formé, le Groupe du Tunnel sous la Manche, composé de la *Société française du Tunnel sous la Manche* et de *The British Channel Tunnel Company,* fut désigné maître d'ouvrage le 22 mars 1971. Le Tunnel serait d'une longueur de 52 km et comprendrait deux tunnels principaux et une galerie de service, configuration qui sera reprise par Eurotunnel la décennie suivante. Les Etats garantiraient le projet. Une ligne TGV Paris-Londres serait construite. Les concessionnaires signèrent avec les deux gouvernements une convention établissant le calendrier et le contenu des étapes de la construction de l'ouvrage. En 1973 enfin, les travaux commencent, non loin des galeries creusées le siècle précédent et parfaitement conservées. Un traité franco-britannique est signé. Le Parlement français vote sa ratification en décembre 1974, malgré la « crise du pétrole », mais le gouvernement britannique abandonne officiellement le projet le 20 janvier 1975 ; la Grande-Bretagne est plongée dans une grave crise économique ; or, les prévisions de coûts ont fortement augmenté. Le gouvernement travailliste britannique évite visiblement d'affronter une opinion publique défavorable. Les concessionnaires sont indemnisés ; le coût de l'abandon du projet est partagé à égalité entre les Etats français et britannique.

2. **1981-1985 : la relance décisive.** — L'échec de 1975 fut une terrible déception du côté français. En 1979, la SNCF et British Rail tentent sans grand succès de promouvoir un projet de tunnel ferroviaire à voie unique, à compléter par la suite. La relance décisive semble dater du sommet franco-britannique des 10 et 11 septembre 1981 qui aborde officiellement le sujet. Comme en 1961, un groupe d'experts franco-britannique est créé et se prononce pour un double tunnel ferroviaire. Ce choix est également défendu en mai 1984 par un groupe de cinq banques françaises et britanniques (Banque nationale de Paris, Crédit Lyonnais, Banque Indosuez, Midland Bank et National Westminster Bank) : « Le seul projet à la fois acceptable technique-

ment et financièrement viable à l'heure actuelle est celui du tunnel ferroviaire avec navettes. » Cependant, les banques préconisent une garantie des Etats ou de la CEE, ce que refuse catégoriquement Margaret Thatcher, favorable par principe à une solution privée. D'ailleurs, un financement entièrement privé permet d'éviter un abandon inopiné des travaux comme en 1975 mais également de favoriser la maîtrise des coûts du projet. En novembre 1984, les gouvernements décident d'établir un cahier des charges pour fixer le cadre du projet et servir de référence à un appel d'offres. Le 2 avril 1985, les gouvernements donnent jusqu'au 31 octobre aux entrepreneurs intéressés pour présenter leurs propositions de lien fixe transmanche pour véhicules routiers et ferroviaires. La compétition opposera quatre projets principaux :

— **Europont** (Eurobridge) suit l'idée d'un *pont tube suspendu* dont les travées ont 5 km de portée. Le pont serait soutenu par des piliers de 340 m de hauteur et comprendrait deux niveaux de six voies chacun, ceci pour la liaison routière. La liaison ferroviaire serait assurée par un tunnel foré. Ce projet soulève des objections quant aux risques de collision des bateaux et le recours à des techniques jamais encore expérimentées. Coût estimé : 68 milliards de francs.

— **Euroroute** est un groupement de douze entreprises industrielles et de quatre banques britanniques et françaises. Il répond au schéma *pont-tunnel-pont*. Il combine deux ponts à haubans avec des travées de 500 m de portée, reliés entre eux par un tunnel immergé de 21 km. Deux îles artificielles munies de rampes hélicoïdales sont prévues pour les passages pont-tunnel. La liaison ferroviaire, indépendante, passe par deux tunnels forés. Le problème des intempéries se pose pour les ponts. Coût estimé par le promoteur : 54 milliards de francs hors frais financiers.

— **Transmanche Express** est le projet d'une société britannique, British Ferries Limited, filiale de Sea Containers. Son projet consiste en quatre tunnels forés : deux ferroviaires et deux routiers unidirectionnels avec des galeries de service transversales. La ventilation des tunnels où circulent les véhicules à moteur serait assurée par deux puits en mer protégés par des îles artificielles, dispositif qui est jugé insuffisant. Coût annoncé par le promoteur et apparemment sous-évalué : 30 milliards de francs en prix de 1985.

— **Eurotunnel** (France Manche/The Channel Tunnel Group) propose deux tunnels ferroviaires forés reliés tous les 375 m à un tunnel central de service avec des navettes pour véhicules automobiles. Coût estimé : 30 milliards de francs. Le système Eurotunnel présente divers avantages, notamment : des technologies maîtrisées ; un environnement marin épargné ; un coût inférieur aux autres projets. Le projet Eurotunnel s'appuie sur les études et l'expérience du projet abandonné en 1975. Par ailleurs, son coût, plus faible que celui du projet Euroroute, son concurrent le plus dangereux, lui donne de meilleures perspectives de financement, majoritairement en prêts accordés par de grandes banques internationales, également par appel aux investisseurs.

Le verdict tombe le 20 janvier 1986 : Margaret Thatcher et François Mitterrand suivent l'avis des experts et annoncent le choix du projet Eurotunnel. La préhistoire du Tunnel sous la Manche s'achevait.

Chapitre II

DE LA CONCESSION À L'ENTREPRISE EUROTUNNEL

En mars 1986, le Consortium *France Manche / The Channel Tunnel Group* devient le Concessionnaire chargé de réaliser le projet Eurotunnel, c'est-à-dire de construire et d'exploiter le Tunnel sous la Manche. Le Groupe Eurotunnel devenait maître d'ouvrage en attendant de se transformer en exploitant de transport.

I. — La concession accordée à Eurotunnel

La construction puis l'exploitation du Tunnel sous la Manche s'appuient sur un réseau complexe de liens entre une multitude de sociétés, de banques, d'administrations... La clé de voûte de cette construction est la *concession* attribuée conjointement par les gouvernements français et britannique à France Manche et The Channel Tunnel Group.

1. **Une concession née d'un accord gouvernemental franco-britannique.** — Pour l'Etat, concéder un service public à un opérateur privé est souvent un moyen commode de mobiliser l'initiative privée pour ses objectifs : l'appel à des capitaux privés ménage les

finances publiques, l'Etat évite d'organiser lui-même son activité tout en gardant un certain contrôle sur le projet... C'est ainsi qu'a été construite la majeure partie des voies ferrées et des autoroutes en France depuis plus d'un siècle. Dans le cas du Tunnel sous la Manche, le recours à la concession présentait également le grand avantage d'organiser une coopération franco-britannique dégagée des contingences politiques ; les Britanniques désiraient un financement privé, qui était justement envisageable : toutes les études concluaient que la construction d'un Tunnel sous la Manche, investissement considérable, pourrait être rentable ; les Britanniques ont également exclu toute garantie des Etats, revenant à l'idée originelle de la concession, accomplissement d'un service public par une personne privée, à ses risques et périls.

L'accord franco-britannique a été officialisé dès le 12 février 1986, avec la signature du Traité de Cantorbéry par les ministres des Affaires étrangères des deux pays. Le 14 mars, l'Acte de Concession signé entre la France et la Grande-Bretagne confiait au Consortium franco-britannique « France Manche / The Channel Tunnel Group » la réalisation et l'exploitation du Tunnel sous la Manche pour cinquante-cinq ans à partir de la ratification du Traité. L'accord des parlements nationaux restait à obtenir. La procédure de ratification durera plus d'un an, rendue incertaine du côté britannique par la réticence de l'opinion publique et les élections parlementaires de 1987. Le projet Eurotunnel n'a donc trouvé son assise juridique complète qu'à la mi-1987 ; du côté français, l'approbation unanime de l'Assemblée nationale puis du Sénat sont obtenues le 22 avril et le 4 juin ; du côté britannique, après la victoire du Parti conservateur au pouvoir, la Chambre des Communes britannique adopte le *Channel Tunnel Act* le 23 juillet. Le Président de la République française et le Premier Ministre britannique officialisent la ratification du Traité du Tunnel sous la Manche le 29 juillet 1987 : l'Acte de concession entre enfin en vigueur jusqu'en juillet 2042. Au début de 1994, il sera prorogé de dix ans par les gouvernements français et britanniques, afin de faciliter le deuxième financement complémentaire d'Eurotunnel.

2. Une supervision conjointe par la France et la Grande-Bretagne. — Le Traité de Cantorbéry fixe d'abord les règles du tracé de la première frontière terrestre des îles Britanniques avec le Continent, les modalités des contrôles aux frontières et enfin la défense et la sécurité. Ces préalables fixés, un projet hors normes appelait un cadre hors normes. Il fallait un accord clair et précis entre les deux Etats et les concessionnaires, qui n'impose cependant pas de contraintes trop sévères aux parties en cause. Un cadre juridique fut donc taillé « sur mesure » pour le projet. Ainsi, l'Acte de concession détaille les principales caractéristiques techniques de la liaison fixe transmanche tout en affirmant la liberté de gestion et d'exploitation des concessionnaires. Des institutions spécifiques ont été prévues pour régler les relations entre les deux Etats et les concessionnaires : la *Commission inter-gouvernementale* (ou CIG), le Comité de sécurité (voir point 3) et le Tribunal arbitral.

La Commission inter-gouvernementale est l'instance habilitée à superviser au nom des Etats concédants l'exécution de la concession et donc la réalisation comme l'exploitation du lien fixe. Composée au maximum de 16 membres désignés pour moitié par chacun des deux pays, la CIG manifeste donc le caractère institutionnel de la supervision du projet et de la coopération gouvernementale franco-britannique. Les décisions y sont prises d'un commun accord entre les chefs des deux délégations ; à défaut, une procédure de consultation entre gouvernements est prévue. La CIG est donc une instance de coopération franco-britannique plutôt qu'une organisation internationale. Un tribunal arbitral a été prévu par le Traité de Cantorbéry pour traiter des différends pouvant survenir entre les deux Etats. Ce tribunal est également compétent en matière de litiges entre Etat(s) et concessionnaire(s) ou enfin entre les concessionnaires eux-mêmes : cette compétence étendue affirme la volonté des gouvernements de créer un espace juridique spécifique au projet.

3. **La répartition des rôles entre Etats et concessionnaires.** — Les deux concessionnaires, France Manche et The Channel Tunnel Group, ont à la fois le droit et l'obligation conjointe de construire et d'exploiter la liaison fixe dont les caractéristiques générales sont fixées dans le contrat de concession. Pendant la période de construction, les Etats assurent la disposition des terrains prévus pour les travaux, par voie d'expropriation si nécessaire, mais ne sont pas contraints juridiquement à améliorer les accès routiers et ferroviaires au Tunnel. Ils jouent cependant un rôle crucial à travers la Commission intergouvernementale : assistée, entre autres, par un Comité de sécurité, également une instance paritaire franco-britannique, la CIG doit notamment approuver les avant-projets présentés par Eurotunnel tout au long de la réalisation et accorder l'autorisation finale de mettre en exploitation le lien fixe.

Les concessionnaires peuvent percevoir pendant les cinquante-cinq ans de la concession les revenus de l'exploitation du Tunnel. Cependant, ils sont liés par des obligations de service. Par exemple, la continuité doit être assurée par un service permanent, de jour comme de nuit : le service minimum sera d'une navette-tourisme et une navette-poids lourds toutes les demi-heures le jour et toutes les heures la nuit. En respect du principe d'égalité, aucune discrimination arbitraire ne devra être faite, qu'elle soit au désavantage (interdictions...) ou à l'avantage (gratuité...) des usagers concernés. Enfin, en cas de circonstances exceptionnelles, les deux Etats peuvent déroger à leurs obligations normales et, par exemple, fermer le lien fixe, pourvu que ces mesures soient « proportionnées aux exigences de la situation ». Par ailleurs, les concessionnaires doivent présenter avant l'an 2000 un projet de liaison routière transmanche sans rupture de charge ; dans le cas contraire, les Etats pourront permettre à partir de 2010 le lancement d'un deuxième projet de lien fixe qui ne pourra pas ouvrir avant 2020.

II. — Le montage juridique
et financier d'Eurotunnel

En mai 1986, France Manche et The Channel Tunnel Group s'unissent dans le cadre d'une joint venture — ou société en participation — franco-britannique agissant sous le nom d'*Eurotunnel*. Le 13 août 1986, moins de sept mois après la décision des deux gouvernements, le Groupe Eurotunnel est constitué.

1. **Un groupe binational français et britannique.** — Les gouvernements français et britannique ont imposé une étroite solidarité aux concessionnaires français et britanniques : ils doivent mettre en place une organisation intégrée et se partager à égalité les recettes et les dépenses. Or, aucun statut de société européenne qui harmoniserait les législations financières, fiscales et sociales des différents pays n'a encore été défini. Il a fallu mettre en place une organisation unique en son genre : une *société en participation binationale, paritaire entre la France et la Grande-Bretagne.* L'organisation du Groupe Eurotunnel repose en effet sur deux principes fondamentaux :

1 / les sociétés du groupe sont généralement constituées par « paires » comprenant une société de droit français et une société de droit anglais pour s'occuper respectivement du côté français et du côté anglais du même type d'opérations ;

2 / une société en participation, *Eurotunnel,* a été constituée pour gérer le Groupe sous la direction d'un Conseil commun.

Les deux sociétés concessionnaires, France Manche (FM) et Channel Tunnel Group (CTG), sont devenues les filiales à 100 % respectivement d'Eurotunnel Société Anonyme (ESA), société de droit français et d'Eurotunnel Public Limited Company (EPLC), société de droit britannique ; le capital de ces deux dernières sociétés sera ouvert au public en 1987 ; elles détiennent l'ensemble des participations entre sociétés du groupe. Les quatre sociétés FM, CTG, ESA et EPLC auront dans toute la mesure du possible des conseils d'administration identiques paritaires entre Français et Belges d'une part, Britanniques d'autre part. Les administrateurs d'Eurotunnel SA et d'Eurotunnel PLC composeront le Conseil commun coprésidé par un Français et un Britannique.

La cohésion générale d'Eurotunnel repose sur un autre élément clé : l'actionnariat commun d'Eurotunnel SA et d'Eurotunnel PLC.

2. **L'actionnariat commun d'Eurotunnel SA et d'Eurotunnel PLC.** — La solidarité entre actionnaires d'ESA et EPLC est *institutionnalisée* sous la forme d'un jumelage systématique entre les actions des deux sociétés. Chaque action d'ESA est associée à une action d'EPLC (et réciproquement) pour constituer une unité indissociable : les deux composantes d'une unité ne peuvent être émises, acquises, achetées et vendues qu'ensemble ; de ce fait, la solidarité entre l'actionnariat des sociétés est totale : Eurotunnel est une entreprise totalement binationale, juridiquement mi-française, mi-britannique. Les *unités* Eurotunnel ont été émises (également à parité) en 1987 sur les marchés de Paris et de Londres où elles sont cotées depuis lors. En 1986, les deux premiers apports en capital à ESA et à EPLC s'étaient opérés par « placement privé ».

L'ensemble de ce montage original a permis à Eurotunnel d'établir une organisation structurellement bi-nationale, paritaire et cohérente.

3. **Les sociétés du groupe Eurotunnel.** — Le groupe Eurotunnel ne se limite pas aux deux concessionnaires *France Manche SA, The Channel Tunnel Group Ltd,* et

à leurs sociétés mères *Eurotunnel SA* et *Eurotunnel Plc* : d'autres sociétés ont été constituées pour prendre en charge des activités spécifiques.

Eurotunnel Développements SA (EDSA) et *Eurotunnel Developments Ltd* (EDL), filiales à 100 % respectivement d'ESA et d'EPLC ont vocation à participer à des opérations de développement autour du Tunnel, à des activités et aménagements au voisinage des terminaux français et britannique. *Eurotunnel Finance Plc* (EFL), chargée des opérations de financement bancaire côté britannique, a donc été la signataire de la Convention de Crédit du 4 novembre 1987 (voir le chap. VI). Enfin, *Eurotunnel Services GIE* et *Eurotunnel Services Ltd* gèrent les personnels recrutés respectivement du côté français et du côté britannique.

III. — Eurotunnel maître d'ouvrage puis compagnie de transports

1. **1986-1987 : création d'un groupe concessionnaire** *ex nihilo*. — Habituellement, les grands projets sont adossés à l'Etat, à un grand groupe privé ou encore à un consortium d'entreprises, qui mettent en place sa direction. Une grande originalité du projet Eurotunnel est que ses promoteurs de 1985 — dix entreprises et cinq banques — sont devenus les constructeurs et les banquiers du projet, tandis que la société concessionnaire, elle, a dû mettre en place dès 1986 une équipe dirigeante franco-britannique nouvelle pour pouvoir inspirer confiance à de nouveaux actionnaires dont on attendait près de 10 milliards de francs de fonds propres en 1986-1987... Les deux dirigeants qui présideront ensemble plus de sept ans aux destinées du concessionnaire arrivent : en septembre 1986, André Bénard, ancien directeur général du groupe anglo-néerlandais Royal Dutch Shell, est devenu coprésident

français du Conseil commun d'Eurotunnel, en remplacement de Jean-Paul Parayre, DG du groupe Dumez; en février 1987, Alastair Morton, ancien directeur général de la British National Oil Corporation, remplaçait son compatriote Lord Pennock of Norton à la coprésidence britannique. En quelques mois, le groupe concessionnaire finalisera les accords avec les chemins de fer, les banques, réunira un financement total de 60 milliards de francs, et mettra en place une organisation pour gérer le contrat de construction et commencer à préparer l'exploitation future.

2. **Eurotunnel et TransManche Link : l'organisation de la construction**. — A la signature de l'Acte de concession, le 14 mars 1986, le consortium concessionnaire France Manche / The Channel Tunnel Group était un simple groupement de dix entreprises de génie civil et cinq banques. L'organisation générale des travaux a été fixée par la suite, par le contrat de construction du 13 août 1986 (amendé depuis) entre Eurotunnel et les dix constructeurs promoteurs d'origine du projet, rassemblés désormais au sein du Groupement *TransManche Link* (TML) créé en mai 1986.

TML était chargé des études d'ingénierie, des fournitures d'équipements et de l'ensemble des travaux de construction, bref de la réalisation du système de transport du Tunnel sous la Manche jusqu'à sa mise en service : TML était donc l'Entrepreneur du projet. A l'image d'Eurotunnel, TransManche Link, créé en mai 1986, regroupe deux ensembles de sociétés : côté français, *TransManche Construction* comprend *Bouygues, Dumez, SAE, SGE* et *Spie Batignolles*; côté britannique, *TransLink* est formé des sociétés *Balfour Beatty, Costain, Tarmac, Taylor Woodrow, Wimpey*. En octobre 1986, les actionnaires fondateurs sont devenus minoritaires dans le capital d'ESA et d'EPLC :

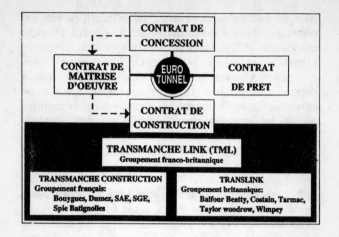

Eurotunnel, maître d'ouvrage, a conclu le Contrat de construction avec le Groupement TransManche Link regroupant dix constructeurs.

Le montage juridique et financier

Eurotunnel devenait véritablement indépendant des constructeurs initiateurs du projet. Comme TML était chargé de la réalisation de l'ensemble des études et des travaux relatifs au projet, son rôle débordait largement les travaux de génie civil : il incluait la conception et la réalisation de l'ensemble du futur système de transport, avec tous ses équipements, y compris les systèmes de signalisation et également le matériel roulant. TML avait donc la responsabilité de spécifier l'ensemble des marchés de fournitures et de sous-traitance impliqués par la mise au point et la réalisation du Système Eurotunnel. En tant que maître d'ouvrage, Eurotunnel définissait les objectifs, contrôlait les résultats, approuvait les contrats de fourniture et, plus généralement, suivait l'avancement du projet.

Le contrat de concession avait également prévu un maître d'œuvre indépendant (MDO). Il effectue des rapports réguliers sur l'avancement des travaux ainsi que les études particulières si nécessaire. Le maître d'œuvre joua donc un rôle de consultant extérieur indépendant, intervenant auprès de la CIG dans les rapports entre Eurotunnel et TML. La maîtrise d'œuvre associe *Atkins & Partners* côté anglais et la *SETEC (Société d'Etudes techniques et économiques)* côté français.

Le contrat de construction donne à TransManche Link la mission de « construire » le Système Eurotunnel dans des délais et à un coût convenus ; tout retard, tout surcoût exposent l'entrepreneur à des pénalités. Par ailleurs, l'impératif de rapidité de réalisation a conduit à contracter et à engager les travaux dès 1986 sur un « avant-projet sommaire » incomplètement défini dans son détail. Des imprévus et des divergences entre l'entrepreneur et le maître d'ouvrage étaient dès lors pratiquement inévitables, comme dans beaucoup de grands chantiers. Ils n'ont certes pas manqué.

Les premiers différends, déclarés en 1988, ont été réglés en janvier 1989 : les estimations étaient relevées, la « date-objectif » de l'ouverture était reportée d'un mois, passant au 15 juin 1993. Six mois plus tard, en juillet 1989, Eurotunnel annonçait de fortes hausses prévisibles des coûts nécessitant la mise en place d'un financement complémentaire. Des négociations difficiles aboutissaient à un accord en janvier-février 1990 : le « prix-objectif » des travaux de forage augmentait de près de 3 milliards de francs mais, au-delà, TML acceptait de supporter 30 % des surcoûts sans limitation. A partir de 1991, les conflits se sont focalisés surtout sur les équipements fixes et sur les matériels roulants, qui donnaient lieu à de nombreuses demandes de modifications : à l'automne 1991, TML réclamait officiellement que les équipements fixes ne soient pas payés en remboursement des dépenses engagées et non plus au forfait ; les constructeurs menaçaient même d'arrêter l'installation des équipements de refroidissement. En mars 1992, un Comité de préarbitrage allait dans le sens de cette demande de TML et demandait à Eurotunnel de lui accorder 500 MF forfaitaires par mois. En septembre 1992 puis en mars 1993, Eurotunnel obtenait cependant que la chambre de commerce internationale remette en cause ces décisions. Pendant ce temps, des tentatives répétées de négociations échouaient ; les travaux se poursuivaient néanmoins. Jean-Paul Parayre quittait la tête du consortium des constructeurs, remplacé par Philippe Montagner, qui avait été le premier directeur de France-Manche en 1985. De nouvelles négociations aboutissaient le 29 juillet 1993 à un premier accord rétablissant une collaboration étroite entre le concessionnaire et les constructeurs pour la mise en service et prévoyant que le 10 décembre 1993 Eurotunnel prenne la responsabilité directe du système de transport, en vue de le mettre en service au début de 1994. Enfin, le 5 avril 1994, Eurotunnel et TML réglaient leur différend sur les équipements fixes pour un montant supérieur de 3 milliards de francs (en prix 1985) au forfait initial, mais inférieur de 11 milliards de francs aux réclamations formulées. Comme le 24 novembre 1993, un accord avait été conclu avec le fabricant des navettes touristes le canadien Bombardier, la tourmente contractuelle Eurotunnel-TML était enfin finie.

3. **L'organisation de l'exploitation d'Eurotunnel.** — Les grandes missions de l'exploitation du tunnel sous la Manche ont été réparties dès le début du projet : d'un côté, Eurotunnel gérer l'infrastructure de transport et exploiter des navettes ferroviaires pour les

véhicules routiers ; de l'autre côté British Rail, la SNCF et la SNCB belge exploitent conjointement les trains de voyageurs et de marchandises transmanche. Dès 1985, le futur concessionnaire et ses partenaires ferroviaires ont négocié des accords sur les conditions de leur coopération. Après plus d'un an et demi de négociations et la signature de deux protocoles en mars puis en septembre 1986, une *convention d'utilisation ferroviaire* accordant aux opérateurs ferroviaires la moitié de la capacité de transport à travers le Tunnel a été signée le 29 juillet 1987, le jour même de l'officialisation de la ratification du Traité du Tunnel sous la Manche. Les *droits* qu'acquitteront les compagnies de chemin de fer se composeront pour l'essentiel d'une redevance fixe, d'une part, et de péages variant selon le trafic — avec un minimum les douze premières années —, d'autre part. Les péages sont dégressifs dans le temps, et une réduction est prévue si la rentabilité d'Eurotunnel dépasse un seuil convenu (clause dite de retour à bonne fortune). Cette construction contractuelle d'un enjeu majeur pour la viabilité financière du projet a posé par la suite des problèmes juridiques tant le contexte a changé depuis 1987. Ainsi, la commission de la communauté européenne a posé après coup, en particulier dans une directive de juillet 1991, des principes de concurrence difficilement compatibles avec le partage à long terme des capacités prévu à la convention : les compagnies signataires devront en tout cas faire une place à d'autres opérateurs ferroviaires candidats à utiliser le tunnel ; en second lieu, British Rail a été engagé dans un processus de découpage-privatisation ; enfin, Eurotunnel a considéré que les retards, la politique commerciale des réseaux et le bouleversement économique du projet justifiaient une renégociation de la convention passée avec les réseaux : le concessionnaire a engagé en

27

octobre 1993 une procédure d'arbitrage international pour l'obtenir.

Quels que soient ces problèmes juridiques, à partir de 1987, opérateurs ferroviaires d'un côté, Eurotunnel de l'autre, ont chacun préparé, puis mis en place leur exploitation de transport transmanche. Comme entreprise de transport, Eurotunnel compte plus de 2 000 personnes, en grande majorité basées sur les terminaux français et britannique. En juillet 1994, après l'inauguration du Tunnel et le début de son exploitation commerciale, André Bénard, coprésident français, prend sa retraite et est remplacé par Patrick Ponsolle, ancien Président de Suez International.

Chapitre III

LE SYSTÈME DE TRANSPORT
DU TUNNEL SOUS LA MANCHE

Depuis le siècle dernier, forer un tunnel ferroviaire sous le détroit est régulièrement apparu comme la solution la plus réaliste pour créer un lien fixe transmanche. La France et la Grande-Bretagne ont donc logiquement opté en janvier 1986 pour le projet Eurotunnel de réalisation d'un *système unique rail-route de transport transmanche.* Il s'agit d'un système de trois tunnels permettant *la circulation de trains directs et de navettes pour les véhicules routiers,* grâce à *des aménagements et une gestion d'ensemble* originaux.

I. — Le système des trois tunnels

Le projet d'Eurotunnel repose sur le principe d'une liaison fixe par rail passant par trois tunnels — deux tunnels ferroviaires et un tunnel routier de service.

1. Pourquoi trois tunnels ?

A) *Le tunnel plutôt que le pont.* — Le détroit du Pas de Calais sert de lien et de « frontière » entre la Manche proprement dite et la mer du Nord. La distance entre les côtes française et anglaise atteint là son minimum : 33,5 km. La profondeur de la mer avoisine

29

généralement les 50 m. En dessous de couches de craie blanche et de craie grise perméable, le fond de la mer comprend une couche de « craie bleue » : résistante et peu perméable, cette roche constitue un matériau de forage idéal. La profondeur et l'épaisseur de cette strate permettent d'y faire passer des tunnels. Les conditions géologiques d'un forage d'un tunnel sous la Manche sont donc favorables, beaucoup plus par exemple que dans le cas du tunnel de Seikan au Japon.

Un pont traversant la Manche constituerait en revanche un ouvrage exceptionnel ; la profondeur limitée des eaux et la solidité du fond marin seraient des atouts ; en revanche, le trafic maritime imposerait des travées espacées et une hauteur considérable sur une longueur record, la résistance aux vents, courants et tempêtes seraient des défis techniques et financiers redoutables. Il doit donc être nettement moins difficile de maîtriser les coûts et les délais de réalisation de tunnels : cette idée est toujours sortie victorieuse des comparaisons entre projets de liens fixes depuis 1889.

B) *Le rail, solution simple et sûre.* — Faire passer des voies ferrées mais également une route par tunnel était théoriquement envisageable, comme dans le projet Transmanche Express de 1985. Une liaison routière sous mer d'une telle longueur pose en fait des problèmes sérieux. Tout d'abord, pour assurer le même trafic, une voie routière nécessite un espace — et donc une dimension de tunnels — bien supérieur : la nécessité d'une distance de sécurité entre les véhicules limite considérablement le débit d'une voie routière. Les besoins d'aération seraient plus que considérables ; enfin, il faut prendre en considération les risques d'accidents et leurs conséquences.

Un système de transport ferroviaire peut, en revanche, prendre en charge des véhicules routiers dans des conditions satisfaisantes, comme le montre — entre autres — l'expérience des tunnels transalpins depuis plus de quarante ans : déjà plus de 30 millions de véhicules routiers y ont été transportés sur des wagons plate-forme, chargés et déchargés par leurs conducteurs eux-mêmes, sans accident. Même en incluant le chargement et le déchargement, le passage des véhicules routiers en navette ferroviaire ne dure pas plus longtemps qu'en tunnel routier à vitesse obligatoirement limitée. Faire « rouler la route » et non les véhicules comporte de réels avantages...

C) *Trois tunnels.* — Il fallait faire passer sous terre et sous mer deux voies ferroviaires — un sens « aller » et un sens « retour » — mais également prévoir un accès latéral aux voies tout le long du trajet pour assurer classiquement les travaux d'entretien, de réparation et pour faire face à tout incident. Pour cela, la solution la plus sûre a été choisie : réaliser trois tunnels, deux *tunnels ferroviaires* et un *tunnel de service.* Cette disposition permettait de bien séparer les deux voies ferroviaires tout en disposant d'un espace de service très protégé.

2. Les caractéristiques générales des trois tunnels.

A) *La structure des trois tunnels.* — Les deux *tunnels ferroviaires* sont à 30 m de distance entre eux et comportent chacun une seule voie ferrée à sens unique. Leur diamètre atteint 7,60 m : le gabarit des wagons des navettes excède nettement, en hauteur comme en largeur, les standards européens, ce qui permet de prendre en charge les autocars et les camions ; les voitures de tourisme, elles, sont transportées sur deux niveaux.

Le *tunnel de service* est placé entre les deux tunnels ferroviaires. D'un diamètre intérieur de 4,80 m, c'est un tunnel routier à deux voies, parcouru par des véhi-

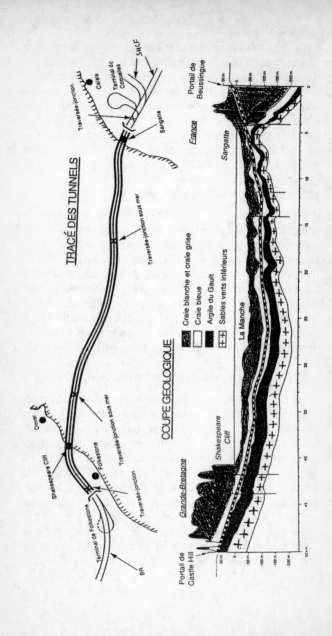

TRACÉ DES TUNNELS

Calais
Traversée-jonction
Terminal de Coquelles
SNCF
Sangatte
Traversée-jonction sous mer

Dover
Shakespeare Cliff
Folkestone
Traversée-jonction sous mer
Traversée-jonction
Terminal de Folkestone
BR

COUPE GEOLOGIQUE

Craie blanche et craie grise
Craie bleue
Argile du Gault
Sables verts inférieurs

France
Portail de Beussingue
Sangatte
La Manche

Grande-Bretagne
Portail de Castle Hill
Shakespeare Cliff

cules spécialement étroits. Tous les 375 m environ, des *galeries de communication* relient transversalement chaque tunnel ferroviaire au tunnel de service : ils servent d'accès habituel aux tunnels ferroviaires pour la maintenance et également de passage de secours ; la ventilation des tunnels ferroviaires vient du tunnel de service, dont l'atmosphère en surpression est protégée ; l'accès aux galeries de communication à partir des tunnels ferroviaires passe par des portes coupe-feu spéciales.

Enfin, des *rameaux* de 2 m de diamètre dits d'*anti-pistonnement* relient directement les deux tunnels ferroviaires en passant au-dessus du tunnel de service. Placés généralement tous les 250 m, ils facilitent la circulation d'air entre les deux tunnels principaux pour limiter la résistance de l'air à l'avancée des trains ; ils sont munis d'un clapet commandable à distance ce qui est une sécurité supplémentaire et une nécessité en cas de circulation à voie unique (entretien, réparation, etc.).

B) *Un système de transport comprenant 151 km de tunnels.* — Les trois tunnels passent sous le Pas-de-Calais sur 38 km entre Sangatte et Shakespeare Cliff en suivant le plus possible la couche de craie bleue ; aux abords des côtes, ils sont à une trentaine de mètres au-dessous du niveau de la mer du côté français, une quarantaine du côté britannique. Pour limiter leur pente à 1,1 % entre la côte et leur « débouché » à l'air libre, les tunnels se poursuivent sur plus de 3 km côté français et plus de 9 km côté anglais avant d'arriver au niveau du sol, 3 m au-dessus de la mer côté français, 60 côté anglais. Chacun des trois tunnels s'étend donc sur une cinquantaine de kilomètres, dont 38 sous mer, ce qui donne un total de 152 km de tunnels. Chacun est moins long que le tunnel de Seikan (54 km), mais sur une plus grande distance sous mer (38 contre 23).

Deux grands types de trafics alternent dans chacun des deux tunnels ferroviaires ; d'une part, des *trains directs* de voyageurs et de marchandises accèdent directement du réseau français au réseau britannique et vice versa à travers le Tunnel ; d'autre part, des *navettes Le Shuttle* font traverser la Manche aux véhicules routiers (automobiles, deux-roues, autocars, camions...) venus « embarquer » à une gare d'échange, appelée terminal. Les navettes circulent donc uniquement entre les deux terminaux situés l'un près de Calais, l'autre près de Folkestone.

Les trains et les navettes traversant la Manche dans le sens France-Angleterre empruntent habituellement le tunnel ferroviaire sud, ceux d'Angleterre vers la France, le tunnel ferroviaire nord suivant le principe de la voie de gauche. Il fallait cependant prévoir qu'un train puisse passer d'un tunnel à l'autre si nécessaire, par exemple pendant des travaux d'entretien dans une section de tunnel. C'est pourquoi deux échangeurs ferroviaires — ou « traversées-jonctions » — ont été prévus sous la mer, l'un à 12 km de la côte française, l'autre à 8 km de Shakespeare Cliff. Ces ouvrages monumentaux (155 m de long, 21 m de large...) apportent la souplesse de fonctionnement nécessaire au « système des trois tunnels » : trois sections de voie peuvent être immobilisées séparément en cas de besoin. Deux jonctions remplissent la même fonction aux « portails » français et anglais des tunnels.

3. **Les deux terminaux, « partie émergée » du système Eurotunnel,** accueillent la plupart des aménagements de surface nécessaires au bon fonctionnement du Tunnel sous la Manche.

A) *Les sites des deux terminaux.* — Côté français, le terminal d'Eurotunnel est situé principalement sur Coquelles, commune voisine de Calais ; un relief assez tranquille et la disponibilité des terrains ont permis d'installer le terminal sur 700 ha, une surface supérieure à celle de l'aéroport d'Orly. Les tunnels débouchent dans la tranchée de Beussingue ; de là, les voies se raccordent vers le sud au réseau ferré français sur Frethun et Calais à l'est, de l'autre, vers le nord, au terminal.

Côté britannique, les conditions étaient plus contraignantes : relief plus accidenté, agglomérations et zones naturelles à protéger... Il a fallu rechercher un débouché à 8 km à l'intérieur des terres : après avoir tourné vers le sud-ouest, les trois tunnels arrivent une première fois au niveau du sol au pied de la colline de Sugar Loaf ; après 650 m en tranchée couverte ils doivent traverser sur 500 m la colline de Castle Hill pour arriver enfin dans la zone du terminal anglais, sur le quartier de Cheriton voisin de Folkestone. Faute de place, le terminal ne s'étend que sur 140 ha, d'où un aménagement plus « serré » et des installations de service et de maintenance plus limitées que du côté français.

B) *Les fonctions des deux terminaux* concernent en premier lieu la prise en charge des véhicules routiers dans les navettes Eurotunnel. A leur arrivée sur un terminal, celles-ci suivent une large boucle en décélérant pour s'arrêter finalement dans la zone de quais face aux tunnels. Les véhicules accèdent aux quais ou en partent grâce à quatre *ponts* reliés aux quais par des « *rampes* » inclinées. Au début de l'exploitation, huit quais sont en service sur chaque terminal mais la place a été prévue pour huit supplémentaires. Les véhicules passent par un péage, le contrôle frontalier, par affectation des véhicules à la zone des quais. Une zone de service a également été prévue pour les véhicules (stations-service, ateliers de dépannage...) et leurs passagers (restaurants, boutiques, commodités...). Le terminal français offre en outre de nombreux services complémentaires (voir le chap. VII).

Sur chaque terminal, des équipements spécialisés ont également été prévus pour les besoins de l'exploitation du système, en particulier une tour de contrôle, des dispositifs d'intervention en cas d'urgence et des équipements de maintenance du matériel roulant et des installations.

II. — La circulation des trains directs et des navettes Eurotunnel

Les multiples trains directs et navettes qui passent par le Tunnel sous la Manche doivent satisfaire à des normes techniques communes, notamment pour la sécurité ; en particulier, les navettes touristes comme les trains de voyageurs transmanche sont composées uniquement d'unités hermétiques et chacune de leurs deux locomotives est capable à elle seule de tracter le convoi entier hors des tunnels.

La composante la plus spécifique du système de transport sous la Manche est la prise en charge des voitures, des autocars et des camions dans les *navettes Le Shuttle,* exploitées par Eurotunnel. La rapidité mais également la commodité des traversées de la Manche en train ou en navette devraient favoriser l'utilisation du Tunnel.

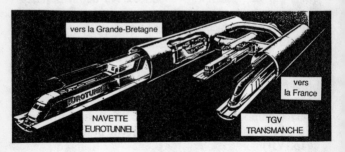

Représentation du système de transport Eurotunnel

Les trains de voyageurs et les navettes transportant les véhicules routiers se succèdent dans chacun des deux tunnels ferroviaires.

1. **Trains de voyageurs et de marchandises trans-manche.** — Le tunnel a été conçu pour pouvoir accueillir dès le départ un important trafic de trains de voyageurs et de marchandises exploités par la SNCF, British Rail et la SNCB.

Les trains directs de voyageurs seront le plus souvent des TGV transmanche spéciaux dits Eurostar ou TMST qui traversent la Manche en vingt et une minutes environ. Le passage de la Manche se résume donc à moins d'une demi-heure de tunnel au cours du trajet. Adaptés au gabarit et à l'alimentation électrique britanniques, les TGV transmanche circulent indifféremment en France, en Grande-Bretagne et en Belgique. Composés de deux motrices et 18 voitures, les plus larges mesurent 380 m, et peuvent transporter 800 voyageurs environ, à 300 km/h sur les lignes à grande vitesse et jusqu'à 160 km/h dans le Tunnel. Les compagnies de chemins de fer et Eurotunnel espéraient dès le départ un trafic avoisinant les 15 millions de voyageurs dès l'ouverture du Tunnel ; il devrait être stimulé par la suite par la réduction progressive des temps de trajet avec les grandes métropoles européennes — Londres, Paris, Bruxelles, mais également Amsterdam, Cologne, Genève... — au fur et à mesure de l'ouverture de tronçons à grande vitesse supplémentaires (voir le chap. VII). L'objectif était que dès le départ, des TGV effectuent une ou plusieurs fois par heure (dans les deux sens) des liaisons Paris-Londres et Bruxelles-Londres dans la journée ; certains s'arrêtent à Fréthun (près de Calais), Lille en attendant Ashford (dans le Kent). S'y ajouteront par la suite des services de nuit et des liaisons avec d'autres métropoles britanniques et européennes. Les compagnies de chemins de fer prévoient de faire passer jusqu'à 40 trains de voyageurs par jour dans chaque sens.

Les marchandises donneront également lieu à un important trafic ferroviaire transmanche : 6 ou 7 millions de tonnes annuelles étaient initialement prévues dès l'ouverture. Les compagnies nationales de chemins de fer comptent faire passer plus de 50 trains de fret par jour, à partir d'une desserte quotidienne de dépôts régionaux de marchandises du Royaume-Uni ainsi reliés aux grands centres de l'Europe continentale (voir le chap. VII). Les faisceaux d'échanges ferroviaires qui ont été installés près des deux sorties du Tunnel ont été aménagés spécialement pour le fret.

2. **Les navettes Le Shuttle exploitées par Eurotunnel** prennent en charge vingt-quatre heures sur vingt-quatre toute l'année et pratiquement par tous les temps non seulement les voitures, mais également les autocars, les motocycles, les camions... Les camions voyagent dans des *navettes fret* spéciales ; les autres véhicules routiers — voitures, motocycles, autocars... — traversent la Manche à bord de *navettes touristes.*

A) *Les navettes touristes* sont constituées de deux rames de wagons fermés où les conducteurs et les passagers voyagent avec leur véhicule. Les navettes tourisme sont habituellement de 768 m de longueur, propulsées, comme les navettes fret, par deux locomotives électriques très puissantes (7 600 CV chacune). Les voitures dont la hauteur ne dépasse pas 1,85 m, galerie de toit comprise, peuvent prendre place dans des rames comprenant des wagons à deux niveaux ; les autocars et les autres véhicules hauts voyagent dans des rames de wagons à un niveau. Une rame complète comporte 12 « wagons porteurs » de 26 m de longueur, placés entre deux wagons spéciaux de chargement et déchargement des véhicules. Les wagons à deux niveaux peuvent transporter dix voitures chacun — cinq par niveau — tandis que les wagons à un niveau peuvent contenir chacun un autocar ou trois voitures avec remorque.

De nombreuses précautions de sécurité ont été prises : des cloisons coupe-feu séparent les différents wagons d'une même rame pendant le trajet; sous le plancher, un canal central de collecte recueille les liquides, en particulier les fuites d'huile ou d'essence; chaque wagon — et chaque niveau de wagon — est équipé de détecteurs de feu et de fumée et également de systèmes d'extinction (par mousse et par gaz halon). Des études approfondies ont conclu qu'en cas d'incendie d'un véhicule pendant le trajet les passagers pourront évacuer le wagon touché avant d'être réellement incommodés. Les cloisons coupe-feu et la structure des wagons ont été conçues pour pouvoir résister au feu pendant trente minutes, assez longtemps pour pouvoir ramener la navette concernée à l'extérieur du Tunnel, dans une zone spécialement équipée pour la lutte anti-incendie.

B) *Les navettes fret* également composées de deux rames atteignent jusqu'à 728 m de longueur. Les conducteurs des poids lourds et leurs passagers éventuels voyagent séparément de leurs véhicules, dans une voiture club. Chaque rame de navette poids lourds comprend jusqu'à 14 wagons « porteurs » de 20 m de longueur en plus d'un wagon de chargement/déchargement à chaque extrémité. Le wagon spécial pour les chauffeurs routiers est placé en avant du train, juste derrière la locomotive.

3. **La traversée en navette touristes.** — Sans réservation obligatoire, l'accès routier au système Eurotunnel sera libre et fluide en temps normal selon Eurotunnel. Un simple échangeur routier donne directement accès au terminal à partir des autoroutes A6

côté français et M20 côté britannique. Les voitures et autocars sont orientés vers le *terminal tourisme,* les camions vers le terminal fret qui sont deux. Les différentes « formalités » nécessaires sont regroupées sur le terminal de départ. Après le péage et le passage des postes de contrôle frontalier, les véhicules sont libres de se diriger vers la zone des services (station-service, magasins...) ou directement vers l'embarquement à travers une zone d'affectation de ponts-viaducs et de rampes d'accès ; les véhicules entrent dans leur rame par le wagon de chargement/déchargement placé à l'arrière. Lorsque tous les véhicules sont en place, les portes coupe-feu entre les wagons sont abaissées avant le départ de la navette.

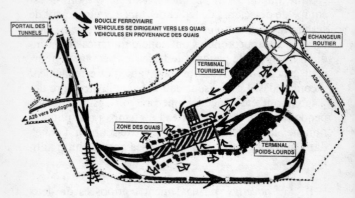

Le fonctionnement du terminal français

Les passagers restent normalement à l'intérieur des voitures et des autocars mais ils peuvent sortir sur les trottoirs intérieurs des wagons qui sont éclairés et climatisés. Le personnel du Shuttle passe d'un wagon à l'autre à travers les portes latérales aménagées dans les cloisons coupe-feu. La traversée dure quelque trente-cinq minutes à une vitesse de pointe de 140 km/h. Une fois la navette arrivée à quai, les cloisons coupe-feu sont relevées et les véhicules peuvent sortir par le wagon d'embarquement/débarquement placé à l'avant de la rame. Les voitures et les autocars ont ensuite directement accès au réseau routier par les rampes d'accès et les ponts de décharge. Compte tenu des formalités et du temps d'embarquement et de débarquement, Eurotunnel estime que le passage d'un réseau routier à l'autre prend un peu plus d'une heure. Dès les premières années d'exploitation, des navettes tourisme sont prévues toutes les vingt minutes dans les deux sens pendant la plus grande partie de la journée et toutes les quinze minutes aux heures de pointe. Le service minimum de nuit sera d'une navette touristes par heure.

4. **La traversée des poids lourds en navettes fret.** — Les poids lourds passent avant le départ aux postes de péage et de contrôle, sur leur terminal fret spécialisé où ils disposeront des services dans une zone spéciale. Le conducteur place lui-même son camion à l'intérieur de la navette poids lourds ; il est ensuite transporté vers la tête du train pour prendre place dans la voiture club. Les camions sont calés. A l'arrivée, les conducteurs sont ramenés à leurs camions et sortent eux-mêmes leurs véhicules de la rame ; ils peuvent repartir directement. Les *navettes fret* sont prévues se succéder elles aussi à une fréquence élevée, avec des départs toutes les vingt minutes environ en heure de pointe au début de l'exploitation. La cadence minimale est d'un départ par heure la nuit.

III. — **Equipements et pilotage du système de transport**

1. **Les équipements des trois tunnels** ont pour la plupart été conçus en fonction des particularités du système de transport, en particulier des contraintes de sécurité.

A) *Les équipements ferroviaires.* — Chacun des deux tunnels ferroviaires est équipé d'une voie unique en rails soudés continus, caractéristiques des lignes à grande vitesse. La caténaire fournit du courant à 25 000 volts et est divisée en sections séparées ; l'alimentation électrique des tunnels vient des deux côtés de la Manche à travers des circuits séparés et doublés : en cas de coupure de courant d'un côté, le système entier peut être alimenté de l'autre côté. Eurotunnel peut également être en mesure de produire son électricité de secours pour l'éclairage, la ventilation et le drainage.

Les trois tunnels sont équipés d'un dispositif d'éclairage complet assurant notamment une lumière permanente et un balisage visuel dans les tunnels ferroviaires ; dans chaque tunnel, une antenne transmet les communications radio avec le personnel des trains. Les autres transmissions passent par 200 km de câbles à fibre optique de haute capacité, avec à la fois des liaisons principales et des liaisons de secours passant par les différents tunnels ; les contrôles et les communications continueront à fonctionner en cas de panne électrique ou de rupture d'un canal de transmission. Des postes téléphoniques de secours sont installés dans chaque rameau de communication et chaque sous-station ou station de pompage (voir ci-après). Enfin, des locaux techniques sont installés tous les 700 m.

B) *Aération, drainage, refroidissement et équipements de sécurité.* — Les 38 km sous mer de chaque tunnel sont privés d'accès direct à l'air libre : même si la traction électrique des trains limite considérablement la consommation d'oxygène, il fallait prévoir un système d'aération. De puissantes usines de ventilation à Sangatte et à Shakespeare Cliff fournissent en permanence de l'air frais au tunnel de service, d'où il passera dans les tunnels ferroviaires à travers les galeries de communication. Une ventilation de secours puissante a également été prévue. Pour protéger l'atmosphère du tunnel de service en permanence, les portes coupe-feu qui le séparent des tunnels ferroviaires ont été conçues pour résister au souffle qu'entraînera chaque passage de train.

Il fallait également organiser l'évacuation de l'eau que des infiltrations, des ruptures de canalisation mais aussi les opérations de nettoyage amènent dans les tunnels. Sous les voies ferroviaires et le « plancher » du tunnel de service, un système de *drainage* recueille les eaux et les amène à trois *stations de pompage* sous mer. De là, des canalisations spéciales les évacuent vers la côte après un contrôle antipollution.

Les passages de nombreux trains et des navettes rapides dans l'espace réduit des tunnels réchaufferont les tunnels ferroviaires : il était donc nécessaire de prévoir un système de refroidissement. Deux usines de réfrigération alimentent en eau froide des canalisations d'acier tout le long des tunnels ferroviaires pour les maintenir à une température correcte.

Les préoccupations de sécurité ont inspiré de nombreux autres aménagements. Ainsi, les trottoirs sont construits de telle sorte qu'en cas de déraillement les navettes restent debout et continuent en ligne droite ; des haut-parleurs et des caméras sont installés tout le long des tunnels ainsi que des systèmes de détection et de lutte anti-incendie alimentés en eau par des canalisations indépendantes. Par ailleurs, toute une série de dispositifs spéciaux a également été prévue pour empêcher le passage des animaux à travers le Tunnel, et donc enrayer les risques de propagation de la rage du Continent aux îles britanniques.

C) *L'aménagement du tunnel de service*. — La grande originalité du tunnel de service est de constituer une voie routière à double sens malgré son petit diamètre. Un modèle de véhicule automobile particulièrement étroit a donc été conçu spécialement pour ce tunnel. Ce véhicule de service est sur pneus et à moteur diesel — à réglage antipollution —, et à grande autonomie ; sa vitesse maximale de 80 km/h lui permet donc de rejoindre n'importe quel endroit du tunnel de service en moins d'une demi-heure. Perfectionnement supplémentaire, un système de filo-guidage par câble est installé sous la « chaussée ». Dix véhicules de service servent à la lutte contre l'incendie ; s'y ajoutent six ambulances et trois transporteurs de chargement.

2. **La gestion d'ensemble du système de transport Eurotunnel** peut être divisée en quatre compartiments principaux :

— la gestion du trafic ferroviaire des trains et des navettes ;
— la gestion des équipements du système de transport, qu'ils soient ferroviaires (alimentation électrique...) ou spécifiques au Tunnel sous la Manche (refroidissement, ventilation, drainage, alimentation anti-incendie...) ;
— la gestion du trafic routier sur les deux terminaux ;
— la gestion de tout incident grave.

Chacun des deux terminaux est équipé d'une « tour de contrôle » équipée pour assurer ces trois missions : elle comprend à la fois un centre de contrôle ferroviaire, un centre de contrôle du terminal et une salle des incidents majeurs.

A) *La gestion du système ferroviaire d'Eurotunnel.* —
Un centre unique gère le système ferroviaire vingt-
quatre heures sur vingt-quatre, le plus souvent le
centre de Folkestone, celui de Coquelles se tenant toujours prêt à prendre le relais. De là est contrôlé l'accès
de tous les trains et navettes sur les voies de circulation
principales, où ils sont suivis sur tout leur parcours.
Dans ce centre nerveux principal du système de transport sont concentrés le pilotage informatique des circulations ferroviaires à l'aide du système RTM (pour
Railway Trafic Management), d'une part, du fonctionnement des équipements à l'aide du système EMS (pour
Engineering Management System), d'autre part, tous
deux commandés par les contrôleurs ferroviaires d'Eurotunnel. A Folkestone, un Tableau de Contrôle
Optique géant permet de visualiser en temps réel le
fonctionnement du système. La règle est de gérer par
exception : les opérations de routine sont traitées automatiquement, les contrôleurs n'intervenant qu'en cas
de besoin.

A l'intérieur des tunnels ferroviaires, la signalisation
d'espacement est transmise automatiquement au poste
de conduite des locomotives : c'est la « signalisation
cabine », mise au point pour les TGV. La ligne est divisée en « cantons » de signalisation automatique, ce qui
permet de s'assurer que tous les trains sont continuel-
lement séparés par un écart supérieur à leur distance
de freinage : un train ne peut entrer dans un canton
que si le précédent en est déjà sorti. Un système de
protection automatique ralentit ou arrête automatiquement les trains si le conducteur ne réagit pas cor-
rectement.

Pour pouvoir gérer en toute sécurité les circulations
à intervalles rapprochés de tous les matériels roulants
à vitesse, poids et donc vitesses de freinages différentes
dans le Tunnel, il fallait davantage affiner l'approche

des situations réelles que dans les systèmes de Transmission Voie Machine (TVM) utilisés pour les TGV Sud-Est et Atlantique. Une TVM 430 nouvelle a donc été spécialement conçue pour le TGV Nord avec un développement spécial Tunnel, capable de transmettre plus de 4 millions d'informations continues et 134 millions d'informations ponctuelles par seconde. La longueur des cantons de séparation entre deux trains a ainsi pu être réduite à 500 m au lieu de 2 100 sur la ligne TGV Sud-Est. L'intervalle minimum entre deux trains tombe donc à deux minutes théoriques. Au départ, il sera en pratique de trois minutes, soit 20 passages par heure au maximum dans chaque sens ; il est prévu d'arriver par la suite à ramener à 2,5 minutes ce minimum. On peut espérer qu'avec un équipement plus perfectionné, on pourra arriver ultérieurement à un intervalle minimal de deux minutes.

La gestion des circulations combinées des trains et des navettes repose sur une planification très rigoureuse prenant en compte les plans commerciaux des réseaux et d'Eurotunnel, mais également les disponibilités des voies, du matériel roulant et du personnel. Ainsi, un tiers d'un tunnel (entre deux jonctions ferroviaires) est « neutralisé » tour à tour six nuits par semaine pour la maintenance, ce qui réduit la capacité des tunnels la nuit, tandis que chaque rame de navette passe à l'atelier de maintenance du matériel roulant une fois par semaine. La maintenance préventive a pour objet d'éviter au maximum les incidents et donc les perturbations de trafic, et donc d'assurer la capacité prévue du système de transport : elle est également gérée par un système informatique spécialisé, le MMS (pour Maintenance Management System).

Au total, le système de transport Eurotunnel peut assurer un trafic considérable. Si l'on imagine qu'en heure de pointe quatre navettes touristes, cinq TGV et plusieurs navettes fret pourront passer dans chaque sens, le nombre théorique de passagers transportés peut dépasser 14 000 par heure (7 000 dans chaque sens) auxquels s'ajoutent les passages de fret.

B) *La gestion du trafic routier sur les terminaux.* — Le bon fonctionnement du système de transport demande également de bien gérer les opérations d'embarquement et de débarquement des véhicules routiers, et donc, par contrecoup, leur passage au péage, leur rangement en files, et le guidage des filles vers l'embarquement. Le pilotage de ce processus est la mission des contrôleurs routiers installés dans le centre de contrôle routier de chaque terminal, assistés d'un système informatique, le TTM (pour Terminal Trafic Management), connecté au RTM ferroviaire.

C) *La gestion des incidents majeurs.* — Une troisième salle du Centre de contrôle de chaque terminal est consacrée à la gestion de tout incident majeur, afin de bien coordonner l'action des services d'Eurotunnel et d'autres organismes dans une telle éventualité.

3. **Sécurité et sûreté.** — Dès le départ, le système de transport Eurotunnel a été conçu en fonction des exigences de sécurité (contre incidents et accidents) et de sûreté (contre les atteintes volontaires), de sa conception d'ensemble (le choix d'un système ferroviaire, le système des trois tunnels...) à toutes ses caractéristiques techniques ; la Commission intergouvernementale y veille. Les tests ont été nombreux et systématiques. Un rapport global de sécurité a été établi, ce qui est une première dans le secteur des transports. Au total, les experts estiment que le passage dans le tunnel, en train ou en navette, comporte globalement beaucoup moins de risques qu'un trajet en train de même longueur, alors même que le rail est le mode de transport

terrestre le plus sûr. On peut sans doute parler d'une distorsion de concurrence entre Eurotunnel et les rouliers : on peut rappeler encore en 1994 les quelque 900 morts causés par le naufrage de l'*Estonia* en mer baltique. Les critiques sur la sécurité et la sûreté du système de transport Eurotunnel semblent donc davantage motivées par la sensibilité du public britannique sur ce thème que par une comparaison objective avec les moyens de transports comparables. Dans ce domaine comme dans l'appréciation comparée des services de transport du Tunnel et de ses concurrents du point de vue de la clientèle, la sanction de l'expérience sera seule décisive.

Chapitre IV

LE FORAGE
DE 152 KM DE TUNNELS
ENTRE LA FRANCE
ET LA GRANDE-BRETAGNE

Le forage de trois tunnels d'une cinquantaine de kilomètres de longueur chacun, dont 38 sous la Manche, est certainement la partie la plus spectaculaire du « plus grand projet privé du siècle ». Voyons successivement *l'organisation des travaux de forage,* et les *grandes phases du forage* de 1988 aux dernières jonctions de mai-juin 1991.

I. — L'organisation
des travaux de forage

Le forage de la partie sous mer des trois tunnels est délicat : aucun puits intermédiaire n'a pu servir d'appui logistique sur quelque 38 km... Pour raccourcir au maximum la distance entre les travaux et leur base, le point de départ des principaux forages a été établi en bord de mer mais à plusieurs dizaines de mètres en dessous du niveau de la mer, dans le puits de Sangatte en France et dans un complexe souterrain sous la falaise Shakespeare (Shakespeare Cliff) en Grande-Bretagne ; chacun des trois tunnels a donc été creusé en quatre sections séparées, avec une sous terre et une sous mer de chaque côté de la Manche ; douze sections ont été creusées au total, en commençant par les parties sous mer, les plus longues.

Sur 151,4 km de tunnels, 148 ont été creusés par des tunneliers (Tunnel Boring Machines ou TBM en anglais), énormes machines de forage de tunnels ; seule la colline de Castle Hill sera traversée par d'autres moyens. Enormes « tubes » de même diamètre que la cavité à creuser, les tunneliers traversent la roche en laissant derrière eux un tunnel revêtu. Chaque section de tunnel est forée par un seul tunnelier de 5,70 ou 8,70 m de diamètre suivant le tunnel. Dans le cas des forages sous mer, les tunneliers sont partis — sans retour — du puits de Sangatte ou de Shakespeare Cliff à la rencontre du tunnelier d'en face, jusqu'à leur point de jonction sous la mer. Les six forages sous terre se concluront, eux, par des sorties de tunneliers. *Onze* tunneliers ont creusé les *douze* sections du Tunnel sous la Manche : seul, le tunnelier T5 servira à creuser non pas une mais deux sections, sous terre en France : la section ferroviaire sud de Sangatte vers le terminal français puis, en sens inverse, la section ferroviaire nord...

1. **Les tunneliers, usines de forage mobiles.**

A) *Des « monstres à forer ».* — Les tunneliers sont comme de gigantesques taupes : ils se frayent leur chemin dans la roche en l'arrachant sur le front de taille grâce à une énorme râpe tournante, leur tête de forage. Le meilleur moyen de réaliser un forage rapide et précis est en effet d'attaquer en même temps tout le front de taille par une machine unique fonctionnant comme une fraiseuse circulaire... Dans le forage sous la Manche interrompu en 1884, la machine du colonel Beaumont, ancêtre des tunneliers modernes, a été la première au monde à appliquer ce principe en forant 2 km de tunnel.

Aujourd'hui, les tunneliers réalisent à la fois le forage, l'évacuation des déblais et la pose d'un revêtement définitif, généralement en béton. Les tunneliers proprement dits du chantier mesuraient de 10 à 13 m de long et pesaient jusqu'à 1 200 t pour un prix pouvant dépasser les 300 millions de francs. La tête de forage soumet le front de taille à une pression de 2 000 à plus de 10 000 t : en une minute, deux tours d'hélice géante hérissée de molettes et de pics en carbure de tungstène peuvent abattre quelque 17 t de craie bleue pour une progression d'une douzaine de centimètres. La pose du revêtement s'opère à l'arrière des tunneliers : amenés par un convoyeur, les voussoirs sont saisis un par un par des bras érecteurs puis posés au millimètre près. Une fois l'anneau entièrement posé, les cinq ou six voussoirs sont boulonnés puis des injections de mortier entre les voussoirs et la paroi rocheuse scellent l'ensemble.

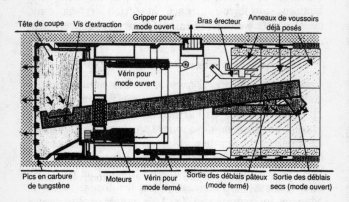

Le tunnelier s'appuie et évacue les déblais différemment en mode ouvert (zones « sèches ») et en mode fermé (zones fracturées).

Schéma du tunnelier T1 qui a creusé le tunnel de service sous mer côté français.

Les tunneliers chargés de forer des sols aquifères ou fragiles sont généralement revêtus d'une enveloppe de protection métallique en forme de tube, le bouclier. La traversée de zones aquifères et fissurées demande habituellement l'injection de ciment en avant du tunnelier, ce qui réduit la progression à environ 15 m par jour. Or, du côté français, des failles et un passage à travers une couche de craie blanche et grise « gâtent » le terrain sur plusieurs kilomètres... Les tunneliers concernés ont pu bénéficier d'une technique japonaise récente et quasiment expérimentale : le « confinement » de l'eau en avant d'une cloison étanche placée derrière la tête de forage. En « mode fermé », les tunneliers deviennent ainsi de véritables « sous-marins foreurs » : l'avant du tunnelier, juste derrière la tête rotative, est hermétiquement clos ; les déblais, mélangés à de l'eau, forment une boue liquide qui est déversée dans des wagons-bennes à l'arrière du tunnelier. Le tunnelier peut ainsi atteindre des progressions de 50 m par jour, même sous des pressions d'eau élevées ; cependant, le tunnelier doit s'appuyer sur les voussoirs du dernier anneau posé à l'arrière, grâce à d'énormes vérins hydrauliques développant 4 000 t de poussée ; en mode fermé, la pose des voussoirs et le forage ne peuvent s'opérer en même temps, la progression théorique est donc réduite à 2 ou 3 m par heure. En revanche, en « *mode ouvert* » les roches arrachées et broyées sont évacuées sous forme solide ; l'engin prend latéralement appui sur la roche à l'aide de quatre patins de grippage d'une poussée de 600 t. C'est en mode ouvert que la progression d'un tunnelier est la plus rapide : jusqu'à plus de 4 m à l'heure.

B) *Le train technique.* — Le tunnelier, gros consommateur de voussoirs, d'énergie, de ciment, mais également gros « producteur » de déblais, n'est en fait que la « force d'attaque » d'une véritable usine de forage mobile. Un « *backup* », train technique de 250 m de long, suit chaque tunnelier pour le piloter, l'alimenter et évacuer les déblais. La cabine de pilotage est placée dans le premier wagon. A partir d'un grand nombre de données, le pilote est chargé d'obtenir un rendement satisfaisant et de suivre au plus près le meilleur tracé. La position du tunnelier est mesurée en permanence par faisceaux laser grâce à un réseau de balises souterraines placées tout le long du tunnel.

Le train technique assure toute une logistique complexe. Deux voies ferroviaires de chantier sont installées avec leurs câbles, tuyaux, rails et caténaires, ce qui permet de relier directement le chantier de forage au puits de Sangatte ou à Shakespeare Cliff par des convois de chantier dans les deux sens : le forage peut donc s'effectuer à plus de 15 km de sa base sans besoin d'installations intermédiaires.

C) *Des tunneliers et des hommes.* — Chaque tunnelier ne « vit » que le temps du forage de tunnel pour lequel il a été spécialement conçu et construit. L'assemblage de ces monstres délicats prend de deux à trois mois; après le baptême du tunnelier, les équipages doivent le régler et le roder pendant des semaines, voire des mois, avant qu'il puisse atteindre sa vitesse « de croisière » : au moins 200 m par semaine du côté anglais et 150 m du côté français, plus difficile.

Les tunneliers et leurs trains techniques fonctionnent en principe jour et nuit sept jours sur sept. Les seuls arrêts prévus sont dus à la maintenance de machineries délicates et très durement sollicitées : un contrôle général est effectué chaque jour et une relève d'équipe est consacrée périodiquement à l'entretien.

Un équipage de tunnelier peut compter près de cinquante personnes dont cinq cadres. Ce sont des équipes soudées; les conditions de travail sont dures mais les ouvriers, qualifiés et bien payés, sont motivés par leur tâche; ils se sentent les acteurs d'une aventure exaltante. Et à force de vivre dans leur machine, d'en guetter les réactions, d'en prendre soin, les « servants » d'un tunnelier s'y attachent comme à un être vivant, ainsi que l'a montré Michel Delassus dans son reportage télévisé[1] de 1990 au titre suggestif : « La bête sous la Manche ».

2. **La logistique des opérations de forage** est assurée par une véritable base industrielle qui assure le « lancement » des tunneliers, leur approvisionnement en voussoirs et l'évacuation des déblais.

---

1. Qui, plusieurs fois primé, a connu une audience record à sa diffusion à la télévision française et a été diffusé dans de nombreux pays.

A) *Le puits de Sangatte et le complexe souterrain de Shakespeare Cliff, bases de lancement des forages.* — Du côté français, l'énorme puits de Sangatte, de 55 m de diamètre et 68 m de profondeur, a été creusé et aménagé pour servir de base de lancement et de soutien logistique à l'ensemble des forages français. Recouvert d'un vaste toit en croix après que tous les tunneliers ont été descendus, le puits de Sangatte était la plaque tournante des approvisionnements, des évacuations de déblais et mouvements de personnel. Muni de quatre ascenseurs et quatre ponts roulants, parcouru en tous sens par de multiples câbles et conduits, ce nœud logistique était en activité vingt-quatre heures sur vingt-quatre.

De l'autre côté du « Channel », le trajet du Tunnel passe sous les hautes falaises côtières de la région de Douvres ; creuser un énorme puits d'accès d'une centaine de mètres de profondeur n'était pas raisonnable. Le pied de la falaise a été aménagé en plate-forme d'approvisionnement ; à partir de là, une descenderie, galerie de 300 m en forte pente, avait été établie en 1974, s'enfonçant sous la falaise ; une seconde descenderie et un puits de 11 m de diamètre foré du haut de la falaise y ont été ajoutés. Le complexe souterrain de Shakespeare Cliff était le centre invisible du chantier de forage anglais. Dans ses galeries, les montages des six tunneliers anglais ont été effectués directement aux emplacements d'où ils sont partis à l'assaut de la roche. Le complexe souterrain de Shakespeare Cliff a également servi de « gare de triage » des approvisionnements et des déblais.

B) *La préfabrication des voussoirs à Sangatte et à Isle of Grain.* — Les 150 km de tunnels devaient être revêtus de quelque 720 000 voussoirs en béton armé dimensionnés au millimètre près... La qualité des voussoirs a fait l'objet d'un soin tout particulier tant elle détermine la solidité de l'ouvrage. La variété très résistante de béton utilisée a même été spécialement mise au point pour le projet. Tous les voussoirs ont été produits dans les deux plus grosses usines au monde de préfabrication d'éléments en béton !

Du côté français, l'usine de préfabrication a été placée à Sangatte, tout près du puits d'accès. Les armatures des voussoirs, en acier, étaient fabriquées par des chaînes automatisées ; les six chaînes de moulage travaillaient en parallèle jour et nuit cinq jours sur sept. Au total, l'usine de Sangatte produisait chaque jour 450 à 500 voussoirs de 24 modèles différents.

Côté britannique, la place manquait à Shakespeare Cliff pour produire et stocker les voussoirs. C'est donc à l'Ile de Grain, à une centaine de kilomètres de là, qu'a été installée l'usine de préfabrication des voussoirs. La fabrication des armatures des 70 modèles de voussoirs utilisés côté anglais était moins automatisée qu'à Sangatte mais la gestion de la production du béton était entièrement informatisée. L'usine d'Isle of Grain produisait en continu 700 voussoirs par jour.

C) *L'évacuation des déblais* a donné lieu à des solutions différentes des deux côtés de la Manche. Il n'était évidemment pas question de rejeter à la mer *huit millions de mètres cubes de déblais* — trois du côté français, cinq du côté anglais (mesurés avant qu'ils gonflent par mélange à l'air).

Du côté français, le chargement des trains de déblais était versé directement dans de grandes cuves aménagées au fond du puits de Sangatte, 18 m en dessous du niveau des tunnels. Malaxés, les déblais devenaient une pâte boueuse qui était ensuite pompée par des canalisations vers Fond-Pignon, à 800 m de là. Une digue en terre de 1 200 m de long en crête et 38 m de haut avait été érigée sur le flanc de la colline voisine pour recevoir ces « boues ». Le bassin s'asséchera progressivement par décantation des quelque six millions de mètres cubes ainsi accumulés. La colline artificielle ainsi créée sera finalement remodelée et végétalisée pour s'insérer naturellement dans le paysage.

Côté britannique, des convoyeurs en tapis roulants remontaient les déblais du complexe souterrain de Shakespeare Cliff à la surface. A leur arrivée au pied de la falaise, les déblais — généralement solides — étaient arrosés d'eau puis déchargés dans des lagons artificiels créés sur la mer ; cinq bassins vidés de leur eau ont reçu en tout 4,3 millions de mètres cubes de déblais : pas moins de *32 ha* seront gagnés sur la mer, l'équivalent de plus de 30 terrains de football. Ce fut la solution trouvée à un casse-tête : comment évacuer des millions de tonnes de déblais à moindre coût sans nuire au milieu marin ni toucher aux paysages du Kent ?

Le puits de Sangatte et le complexe souterrain de Shakespeare Cliff étaient les plaques tournantes de la logistique des forages : passages de 3 000 ouvriers et cadres au plus fort des travaux, traitement journalier de milliers de convois ; il fallait acheminer en priorité les convois d'approvisionnements partant pour le front de taille ou les trains de déblais qui en revenaient ; la fréquence des rotations de convois avoisinait celle du métro ! Des salles modernes de gestion du trafic avaient donc été aménagées dans le puits de Sangatte et sous Shakespeare Cliff pour ce premier système de transport sous la Manche, provisoire mais complexe.

La solution des multiples problèmes logistiques que posaient les forages a été d'autant plus délicate (et remarquable) que le creusement des tunnels a représenté une course permanente contre la montre.

II. — Les grandes phases du forage

En 1986, le programme général du projet a fixé un programme très serré pour les opérations de forage des tunnels, à partir des forages de reconnaissance de la fin de 1986, jusqu'aux dernières jonctions sous la mer, à la mi-1991. Il fallait arriver à des cadences avoisinant 1 000 m par mois par tunnelier côté britannique, 500 côté français. Les lancements des douze forages de sections ont été échelonnés : le forage du tunnel de service, plus étroit, a servi en quelque sorte d'éclaireur. Les forages se sont donc déroulés en cinq étapes (se chevauchant partiellement) :

— les travaux préparatoires ;
— le lancement du forage du tunnel de service ;
— le lancement des autres forages ;
— les forages à vitesse de croisière ;
— les sorties et jonctions de tunneliers.

1. **Les travaux préparatoires aux forages (novembre 1986-novembre 1987).** — Compléter les connaissances géologiques du sous-sol de la Manche était nécessaire pour achever de définir le tracé général des tunnels. A partir de décembre 1986, plusieurs centaines de forages off-shore de reconnaissance ont donc été opérées le long d'une bande de 40 km^2 suivant le parcours prévu des tunnels sur leurs quelque 38 km sous la Manche.

La mise en place des bases de lancement des forages à partir de la fin de 1986 était un deuxième préalable indispensable. Du côté britannique, les galeries souterraines creusées en 1974 ont pu servir de base à l'aménagement du complexe souterrain sous Shakespeare Cliff. En revanche, du côté français, la construction et l'aménagement du puits de Sangatte ont représenté à eux seuls 170 000 m^3 de terre déblayés, 15 400 m^3 de béton coulés et 1 020 t d'acier utilisées ! Le terrain était sablonneux et il ne fallait pas toucher à la nappe phréatique : les travaux commencèrent par la construction d'une enceinte étanche en béton en forme d'immense puits de 500 m de pourtour et 68 m de profondeur ; à l'intérieur de cette « gaine protectrice », le puits proprement dit a été creusé en plusieurs étapes consistant chacune à couler une paroi de puits sur quelques mètres puis en évidant l'intérieur. Quand les travaux de génie civil du fond du puits se sont achevés en avril 1988, le tunnelier chargé du forage du tunnel de service sous mer était déjà lancé depuis plus d'un mois...

L'organisation des préfabrications et de l'évacuation des déblais représentait une troisième priorité. Le montage des usines de préfabrication a commencé dès novembre 1986. Ainsi, la production de voussoirs a pu commencer dès l'automne 1987. L'organisation de l'évacuation des déblais était un peu moins urgente. Du côté français, le pompage des déblais en direction de la digue de Fond-Pignon a été mis en service en juillet 1988. Une première digue de 17 m de hauteur et d'un million de mètres cubes de capacité avait été achevée dès avril. Elle atteindra sa capacité définitive de 6 millions de mètres cubes après deux réaménagements en 1989 et en 1990.

Grâce à ces préparatifs effectués, les forages des tunnels ont pu être lancés dès la fin de 1987, après la mise en place du financement global du projet.

2. **Le lancement des forages sous mer dans le tunnel de service (1988).** — La mise en service d'un tunnelier est une opération particulièrement complexe ; après les opérations d'assemblage, la mise en place du train technique et le positionnement du tunnelier, la mise en route est enfin possible : les premiers essais, réglages et mises au point peuvent durer des semaines ; le démarrage est effectué à faible régime, puis chaque montée en cadence de forage nécessite de nouveaux ajustements ; en cas de problème sur des pièces spécifiques, les travaux peuvent être arrêtés pendant plusieurs semaines. La durée de la mise en route est donc très difficile à prévoir. Ce n'est qu'ensuite qu'il devient possible d'approcher progressivement de la « vitesse de croisière » prévue, voire de la dépasser.

Le programme des travaux prévoyait que dans le tunnel de service le 1er juillet 1988, le premier kilomètre de forage devait être franchi côté français ; 5 km devaient être creusés au bout de onze mois du côté britannique, vingt mois du côté français.

Du *côté britannique*, le forage a commencé le 15 décembre 1987, en partant des 400 m de galerie qui avaient été creusés en 1975. Le démarrage fut lent : au bout d'un peu plus de huit mois, 1,8 km sur les 3,5 prévus avaient été forés, à une vitesse moyenne inférieure à 100 m par semaine ; la cadence moyenne a ensuite doublé : 4,5 km de tunnel étaient forés à la fin de 1988. Du *côté français,* le forage n'a pu démarrer que le 28 février 1988 ; le tunnelier « T1 » baptisé officiellement « Brigitte » a connu des débuts laborieux :

45 m de progression avant son arrêt pour réparation à la fin avril ; le 22 août la distance forée n'atteignait que 200 m. A la fin décembre 1988, « Brigitte », en net progrès, n'était encore qu'à 900 m ; plus de six mois de retard avaient été pris mais, après plusieurs mois de traversée de couches fracturées, la craie bleue, meilleur terrain, était enfin atteinte.

3. **Le démarrage des neuf derniers tunneliers (1988-1989).** — Les forages sous terre ont également commencé par le tunnel de service : le 28 juin 1988, le tunnelier Mitsubishi T4, baptisé « Virginie », était lancé vers le terminal français ; du côté britannique, le tunnelier Howden B4 l'imitait le 30 septembre 1988.

De décembre 1988 à février 1990, les forages des huit sections de tunnel ferroviaire sont engagés à un rythme industriel, soit plus d'un lancement tous les deux mois.

Le démarrage des deux tunneliers ferroviaires britanniques a cependant été difficile : l'humidité de la roche faisait adhérer les débris de craie aux parois, gênant la pose des voussoirs. Trois semaines d'arrêt des tunneliers à l'automne 1989 ont été nécessaires pour les adapter.

4. **Douze forages à grande vitesse (1989-1991).** — Une forte accélération des forages après la phase de mise en route a été observée même dans les sections sous terre malgré leur longueur réduite. Côté anglais, la vitesse mensuelle moyenne de forage a plus que triplé entre le premier kilomètre (250 m pour les tunneliers B4, B5 et B6) et la suite (750-800 m par mois) ; du côté français, la vitesse des tunneliers T4 et T5 a quasiment quadruplé (de 150 m par mois à 550-625 m). Des vitesses hebdomadaires finales particulièrement rapides (200 et 130 m respectivement) ont donc été atteintes.

Les six forages sous mer des trois tunnels s'étendent tous sur plus de 15 km, ce qui offrait une chance d'arriver à des performances exceptionnelles si les problèmes logistiques étaient suffisamment maîtrisés. C'est précisément ce qui s'est produit en 1990-1991.

Dans leurs débuts difficiles, les deux tunneliers ferroviaires britanniques avaient avancé de 750 m en quatre semaines avant d'arriver aux 5 km... ils foreront 1 500 m dans le même temps pour arriver aux 15 km ; leurs vis-à-vis côté français foreront 950 m à l'approche des 15 km. Les quatre tunneliers ferroviaires sous mer (nord et sud) ont établi leurs records de vitesse mensuelle de forage en janvier ou en mars 1991, 1 637 et 1 718 m côté anglais, 1 106 et 1 142 m côté français, en récoltant au passage une véritable moisson de records mondiaux de vitesse de forage.

Cette accélération a permis de forer en tout 78 km, — plus de la moitié du total ! — dont 58 sous mer au cours de la seule année 1990 : 1,5 km par semaine... La première jonction historique sous la Manche a donc pu se produire le 1er décembre 1990 dans le tunnel de service, moins de trois ans après le début des forages. Finalement, les tunneliers ferroviaires sous mer nord et sud ont atteint une vitesse mensuelle *moyenne* d'environ 670 et 695 m côté français, supérieure aux quelque 500 m programmés ; côté britannique, la progression a été de 700 et 790 m en moyenne.

5. Sorties de tunneliers et jonctions sous la Manche (1989-1991) : la fin des forages. — La première sortie d'un tunnelier chargé d'un forage de section sous terre s'est produite dès le 27 avril 1989 dans le tunnel de service côté français : devant des centaines de milliers de téléspectateurs et un parterre de personnalités, la tête de forage de « Virginie », tunnelier Mitsubishi, apparaissait dans la « *tranchée de Beussingue* » voisine du terminal de Coquelles, après avoir creusé 3,2 km depuis Sangatte. En novembre 1990, un an et sept mois plus tard, les deux derniers « tunneliers terrestres » opéraient leur sortie en France et en Grande-

Bretagne : les six sections terrestres du Tunnel sous la Manche étaient forées.

Les jonctions sous mer, elles, sont des opérations qui s'échelonnent sur des semaines ; les tunneliers ne se rencontrent pas de face : une liaison à travers deux têtes de forage ne serait pas commode ! La jonction du tunnel de service a été réalisée en trois étapes. En octobre 1990, les deux tunneliers ont été arrêtés à 110 m l'un de l'autre ; le 30 octobre, une sonde de 5 cm de diamètre venant du tunnelier britannique parvenait à la tête de forage du tunnelier français, premier contact sous la Manche : l'alignement des tunneliers était parfait à quelques centimètres près. La machine française a foré encore quelques dizaines de mètres avant de s'immobiliser définitivement tandis que le tunnelier britannique déviait vers la droite pour venir ranger sa tête de forage à côté de l'avant du tunnelier français. La jonction ne demandait alors plus que de creuser une galerie entre les avants des deux tunneliers. Le 1er décembre 1990, à 12 h 12, Philippe Cozette et Graham Fagg échangeaient la poignée de main marquant devant l'histoire la première jonction sous la Manche, quelque 40 m sous le fond de la mer, à 15,6 km de la côte française, 22,3 km de la côte anglaise. La jonction complète a demandé ensuite l'élargissement de la galerie d'accès. Le tunnelier français a été démonté, laissant sur 11 m sa « jupe » comme paroi du tunnel, tandis que le tunnelier britannique était enterré sur place. Le 4 février 1991, Eurotunnel annonçait l'achèvement total du forage du tunnel de service ; des traversées de la Manche en trains de chantier seront organisées dès le mois suivant.

Les *22 mai* et *28 juin* suivants, les jonctions des deux tunnels ferroviaires nord et sud mettent fin au forage des tunnels. Dans ces deux cas, le tunnelier britannique a été dévié vers le bas, enterré puis bétonné avant que le tunnelier français débouche dans la galerie creusée côté anglais. La dernière jonction, dans le tunnel sud, s'est produite à 62 m sous le fond de la Manche, à près de 19 km des côtes françaises. Finalement, 87 km ont été creusés du côté britannique et 64 du côté français au lieu de 93 et 58 prévus et le forage des tunnels s'est achevé avec trois jours d'avance sur le premier échéancier, établi en 1985.

Chapitre V

LA RÉALISATION
DU SYSTÈME DE TRANSPORT
SOUS LA MANCHE

Le forage des tunnels ne représente qu'un des défis du projet Eurotunnel. Les 150 km de tunnels forés et revêtus ne sont « prêts pour le service » qu'une fois construits d'autres ouvrages souterrains et installés tous les équipements; s'y ajoutent la construction des terminaux, la réalisation des matériels roulants et un processus complexe d'essai et de rodage du système de transport... Le forage des tunnels ne représentait vraiment que le premier volet de la réalisation du système de transport Eurotunnel.

I. — Travaux d'aménagement
et d'équipement des tunnels

La réalisation de deux *jonctions sous la Manche,* des galeries *de communication et des rameaux d'antipistonnement,* enfin l'installation des *équipements* sont les principaux chantiers souterrains complémentaires.

1. **La construction des deux traversées-jonctions ferroviaires sous mer**, à 46 m sous le fond de la mer, est un des grands travaux du projet; les deux galeries monu-

mentales des « traversées-jonction » (*cross-over* en anglais) atteignent 155 m de long.

Du côté britannique, le creusement est parti de la galerie de service dès novembre 1989. Il n'a fallu que huit mois pour une réalisation d'une telle envergure, à plus de 7 km de Shakespeare Cliff, alors que tous les tunneliers sous mer étaient en pleine activité.

Du côté français, la réalisation de la traversée-jonction a commencé plus tard : les forages étaient plus lents et l'interconnexion ferroviaire a été placée à plus de 12 km du puits de Sangatte ; les conditions géologiques étaient difficiles et le tunnel de service était le seul accès possible. Une méthode de forage originale a donc été adoptée : commencer par construire l'*enveloppe en béton* qui entourera la future galerie, « attendre » la traversée des tunneliers à l'intérieur de la « coque » ainsi construite puis dégager enfin la craie restante après le passage des tunneliers. La construction de la galerie est achevée au début de 1992.

Ensuite sont installées les énormes portes coulissantes de 120 t, assemblées sur place, qui séparent en temps normal les voies des deux tunnels ferroviaires.

2. **Galeries de communication et rameaux d'anti-pistonnement.** — Ils sont creusés en même temps que les tunnels, à l'aide de marteaux-piqueurs et d'excavateurs sur chenilles, dont les bras manient des « grattoirs ».

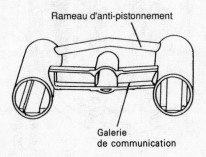

Rameau d'anti-pistonnement

Galerie
de communication

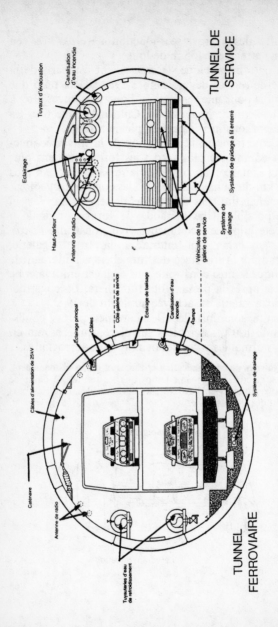

TUNNEL DE SERVICE

- Tuyaux d'évacuation
- Canalisation d'eau incendie
- Eclairage
- Haut-parleur
- Antenne de radio
- Système de guidage à fil enterré
- Système de drainage
- Véhicules de la galerie de service

TUNNEL FERROVIAIRE

- Câbles d'alimentation de 25 kV
- Eclairage principal
- Câbles
- Côté galerie de service
- Eclairage de balisage
- Canalisation d'eau incendie
- Rampe
- Caténaire
- Antenne de radio
- Tuyauteries d'eau de refroidissement
- Système de drainage

Les principaux équipements des tunnels

Une fois creusés, les 268 *rameaux de communication* ont été équipés de leurs quelque 500 portes d'une tonne et demie chacune; l'installation de chacune de ces portes, très délicate, demande quatre jours. De son côté, la pose de chacun des boucliers basculants qui peuvent fermer les *rameaux d'anti-pistonnement* comme des clapets prend une journée de travail.

3. L'installation des équipements dans les tunnels. — La réalisation des trois stations de pompage sous mer devient aussi un chantier important. L'équipement des tunnels a représenté cependant une tâche encore plus considérable, comparable à la construction de dix cimenteries ou de deux centrales nucléaires rien que du côté français, en deux ans environ en ne disposant que de voies d'accès très étroites... Il fallait ôter les équipements provisoires posés pour les forages pour poser les équipements électriques, construire les voies mais aussi installer des dispositifs plus spécifiques au système de transport Eurotunnel.

A) *Pose des équipements électriques et construction des voies.* — Les câbles d'alimentation électrique ont fait l'objet des toutes premières installations; dès novembre 1990, 5 km d'une section britannique étaient équipés. Les chemins de câbles sont faits d'une matière mise au point pour les travaux, le modar.

Il n'y aura pas de ballast : par unités soudées de *180 m*, les rails sont posés sur des blochets, blocs de béton de 100 kg spécialement conçus. Dans les tunnels ferroviaires, le remplacement des doubles voies de chantier par la voie unique définitive pose un problème logistique : deux voies sont pratiques pour installer les équipements mais on ne peut attendre trop longtemps pour aménager 100 km de voies. Les rails ont été posés à peu près deux fois plus vite que sur un chantier habituel, dans des conditions peu commodes. Commencée à la mi-1991 du côté anglais, la pose des rails s'est achevée en 1992.

65

B) *L'installation des systèmes mécaniques des tunnels.*
— Installer 450 km de canalisations dans les trois tunnels demandait plus de 100 000 supports de dizaines de types différents et d'un poids pouvant atteindre 300 kg. Eux aussi spécialement étudiés pour le projet, ils sont recouverts d'un revêtement anticorrosif spécial ainsi que toutes les canalisations dans les tunnels.

Les tuyaux de refroidissement étaient assemblés et soudés en surface sur 44 m de long. Du côté français, un train spécial d'installation des tuyaux a été conçu : avec son bras de levage pouvant soulever 500 kg, un seul train pouvait équiper 4 km en canalisations chaque mois, dix fois plus vite qu'avec des méthodes traditionnelles, avec sept personnes ; il en faudrait 40 dans une raffinerie...

II — La réalisation des terminaux
en France et en Grande-Bretagne

1. La réalisation du terminal de Coquelles, voisin de Calais.

A) *La consolidation des sols sur le site.* — A l'emplacement du terminal, près de 12 millions de mètres cubes (environ huit fois le volume de la pyramide de Chéops !) ont été déplacés au cours du terrassement.

Sur plus des deux tiers du terrain, le sol était marécageux et compressible sur 3 à 18 m de profondeur ; il fallait commencer par consolider l'ensemble. Un maillage de 2 200 km de drains verticaux (un tous les 3 m en moyenne !) a été mis en place puis le terrain a été recouvert d'un million de mètres cubes de sable drainant contenant quelque 20 km de drains horizontaux. Les constructeurs ont chargé ensuite artificiellement le terrain pour hâter la remontée de l'eau à la surface, comme quand on presse une éponge *(compactage dynamique)* ; ce *préchargement* permettait d'accélérer le drainage. Dès qu'une aire « chargée » était consolidée, le « lest » restant était transféré ailleurs.

B) *La construction des ponts et des rampes d'accès.* — Les quatre ponts d'enjambement des voies et les 24 rampes d'accès donnent au terminal son aspect caractéristique. Les ponts reposent sur des pieux fichés directement dans le sol jusqu'à la couche de craie ; ces pieux supportent des semelles au niveau du sol sur lesquelles sont posées les piliers de 10 m de haut qui supportent le tablier du pont. Sortis de terre en 1990, ces ouvrages ont pris leur allure finale dès la mi-1991.

2. La réalisation du terminal britannique.

A) *2,6 millions de mètres cubes de remblais tirés des eaux.* — Le site du terminal de Folkestone, placé dans une sorte de cuvette, a dû être surélevé de 6 m. Le procédé utilisé a consisté à pomper du fond de la mer un mélange de sable et d'eau et de le transporter par une canalisation de 4,2 km sur le site. Ce système a finalement permis de fournir 2,5 millions de mètres cubes de sable.

B) *La réalisation de la boucle d'arrivée des navettes de 250 à 280 m de longueur* a été effectuée en « tranchée couverte », comme les quelque 500 m de l'autre côté de Castle Hill. Une « caisse en béton » formant un tunnel de 1 km de long a été construite puis l'ensemble a été recouvert, et remblayé avant d'être muni d'une digue antibruit et enfin aménagé et paysagé en surface.

La partie « coffrage » des travaux était la plus délicate. L'ouvrage suit un arc de cercle, mais à trois rayons différents suivant les endroits ; inclinées en courbe, les voies ont dû être bombées ; les parois intérieures du tunnel sont en légère pente ; enfin, le coffrage est de dimension inhabituelle : 8,2 m de haut, 19 m de travée et 10 m de long. Le toit a été achevé dès le mois de décembre 1989.

C) *La construction des ponts de liaison.* — Le terminal de Folkestone est placé à la rencontre de nombreuses voies de communications, d'où la nécessité de construire huit ponts du type « franchissement d'autoroute » sur le site... De 175 m de long, le pont ferroviaire voisin du terminal comporte cinq travées, avec le biais le plus élevé de Grande-Bretagne ; un de ses piliers a dû être construit à 3 m du câble électrique à 270 000 V entre la France et l'Angleterre. La construction de ce type de pont demande normalement deux ans d'études de conception et deux ans de travaux. Pour réduire de *moitié* ce délai, la conception a été découpée en « étapes » ; les travaux correspondant à chaque étape étaient effectués pendant la conception de l'étape suivante. Grâce à une technique « de conception et de construction rapide », l'achèvement des accès sud au terminal a pu être programmé pour la fin de 1989 ; une voie ferrée d'un grand intérêt logistique pour les travaux a ainsi pu être installée dès 1990 sur le site du terminal et raccordée au réseau anglais.

Un épisode insolite de la construction du terminal britannique Biggins Woods, 5 ha de forêt ancienne qui se trouvaient sur le site du terminal ont été préservés en les déplaçant de quelques centaines de mètres.

III. — La mise au point
du système de transport

1. **La réalisation des matériels roulants transmanche.** — La mise en exploitation du Tunnel sous la Manche demandait de réaliser des matériels ferroviaires spéciaux, trains et navettes, mais aussi des véhicules routiers pour le tunnel de service.

A) *Conception et réalisation des wagons des navettes Eurotunnel.* — Même si le principe de navettes ferroviaires pour les véhicules routiers n'est pas nouveau, la conception des navettes Eurotunnel est une des parties les plus spécifiques du projet Eurotunnel. Ainsi, les wagons des navettes sont de dimensions exceptionnelles pour pouvoir contenir les camions et les autocars sur un niveau, les voitures de tourisme sur deux niveaux. Les contraintes de conception étaient considérables à partir du moment où il s'agissait de concilier grande capacité, grande vitesse et normes exigeantes de sécurité, de confort, de fiabilité... Or, les impératifs de délais obligeaient à passer aux études détaillées et même à la réalisation du matériel roulant avant que tous les problèmes de conception soient réglés par un accord avec la Commission intergouvernementale (CIG). Dans ces conditions, des ajustements ont été opérés en cours de réalisation.

En *mars 1988,* la CIG donnait son accord *de principe* pour que les passagers des voitures restent dans leurs véhicules pendant le trajet en navette et réservait son jugement sur les passagers des cars. En revanche, les véhicules transportant des gaz de pétrole liquéfiés (camping-cars par exemple) devront être transportés séparément de leurs passagers ; les conducteurs de poids lourds et leurs passagers voyageront effectivement dans un wagon spécial. Le mois suivant, Eurotunnel lançait un appel d'offres technique sur l'ensemble du matériel roulant, avant que le système de transport des cars ait été officiellement accepté par la CIG.

En juillet 1989, l'ensemble des contrats de conception, de fabrication et de fourniture du matériel roulant était attribué pour quelque 6 milliards de francs : le Consortium Euroshuttle était chargé de la construction des locomotives *(ABB et Brush)* et des wagons des navettes passagers (*Bombardier ANF* et *Brugeoise Nivelles...*) ; le Consortium Breda Fiat obtenait, lui, le marché des wagons des navettes poids lourds. Dès novembre 1989, le plan de réduction des coûts adopté par Eurotunnel conduisait à revoir la conception des wagons des navettes poids lourds : un *nouveau* modèle, non plus fermé mais « semi-ouvert » avec des parois « en treillis » était proposé et le nombre de locomotives était réduit à 38.

En *octobre 1990,* la première caisse de wagon de navettes touristes sortait des chaînes du constructeur canadien Bombardier. Assemblées sur place, les quatre premières caisses de wagons sont parties pour l'Europe au début de 1991. Cependant, au printemps 1991, la CIG demandait à Eurotunnel de faire passer, pour des raisons de sécurité, de 60 cm à 70 cm la largeur des portes latérales qui permettent aux passagers de traverser les cloisons coupe-feu entre les wagons. Eurotunnel annonçait alors un retard prévisible de livraison et de mise en service des navettes passagers, qui serait échelonnée au cours de 1993. Ce sera la dernière modification majeure dans la conception des navettes avant la mise en service. Mais l'ensemble des modifications portées aux navettes a considérablement retardé les opérations de livraison et de réception des matériels roulants d'Eurotunnel.

B) *Le système de transport du tunnel de service.* — La réalisation des véhicules routiers spéciaux à largeur réduite (1,6 m) utilisés pour le tunnel de service a été confiée aux constructeurs Mercedes et AEG. Ils sont munis de deux cabines de conduite du même moteur diesel de 62 kW que la Mercedes 190 — avec une puissance réduite pour diminuer l'échappement de gaz; la maintenance est donc aisée. Les véhicules de service sont équipés d'un *conteneur central* d'une tonne et demie : suivant son contenu, le véhicule peut servir à la maintenance, à la lutte anti-incendie ou encore comme ambulance.

C) *Les locomotives des navettes Le Shuttle.* — Chacune des deux locomotives placées aux extrémités des navettes doit être capable de tracter seule les 2 600 t du convoi à 30 km/h sur une pente à 11‰. Cette performance était inaccessible aux modèles existants et imposait une puissance de 5 600 kW par locomotive. Il fallait donc concevoir spécialement un modèle de locomotive particulièrement puissant incorporant le maximum de composantes éprouvées. Les conditions de l'exploitation ont conduit à adopter une disposition d'essieux dite « Bo-Bo-Bo » (trois bogies « B », c'est-à-dire à deux essieux chacune), utilisée en Suisse, en Nouvelle-Zélande et en Autriche.

Commandées en juillet 1989 à ABB et British Electrical Machines, membres du Consortium Euroshuttle, les 38 locomotives ne fonctionnent habituellement que dans un seul sens. Le mécanicien se place dans la locomotive avant; de la locomotive arrière, le chef de train supervise les opérations de chargement et de déchargement des navettes et contrôle les nombreux systèmes internes au train.

D) *La réalisation des TGV transmanche Eurostar.* — Le futur trafic transmanche justifiait amplement la réalisation spéciale des trains à grande vitesse transmanche (ou TMST, « TransManche Super Train » puis Eurostar) différents même des TGV nord-européens ; chaque locomotive tricourant développe une puissance de 6 MW et pèse impérativement moins de 68 t... Les cabines des locomotives sont équipées à la fois pour trois systèmes de signalisation différents : ceux des réseaux britanniques, des réseaux continentaux (français, belge...) et celui du Tunnel sous la Manche ; la vitesse sera indiquée en kilomètres/heure en France, en miles per hour en Grande-Bretagne. Pour que les motrices puissent être conduites de bout en bout en anglais ou en français, toutes les indications de bord sont bilingues ou référenciées par sigles. En attendant qu'une ligne à grande vitesse soit construite du côté britannique, l'Eurostar doit s'alimenter par un troisième rail, comme dans un système métropolitain...

Dès la fin de 1987, les trois futures compagnies exploitantes (SNCF, British Rail, SNCB) ont constitué un groupe de travail chargé de définir les caractéristiques techniques précises du TGV transmanche. En décembre 1989, 30 rames ont été commandées à un consortium piloté par GEC-Alsthom. La France, la Grande-Bretagne et la Belgique assurent respectivement 44 %, 44 % et 12 % de la construction. La mise au point des motrices a été complexe. En 1990-1991, pas moins de trois séries d'essais ont été réalisées, à 25 000 V sur Belfort-Toulouse (comme dans le Tunnel), à 1 500 V et à 750 V sur la ligne du Médoc, et enfin à 3 000 V en Belgique. Ce matériel roulant extrêmement spécifique a été particulièrement difficile à mettre au point, ce qui a compliqué la mise en service des Eurostar. En particulier, d'importants travaux sur la voie côté britannique se sont avérés nécessaires en 1994 pour rendre compatible sa signalisation avec les rames Eurostar. De plus, les retards de livraison des matériels roulants ont conduit les compagnies de chemins de fer à étaler largement dans le temps la montée en puissance de leurs services.

Parmi les autres matériels, signalons que même les locomotives diesel de type DE 6400 qui servent aux opérations d'entretien, de manœuvre, et de secours ont été adaptées; ainsi, elles circulent par deux, encadrant un wagon « laveur » spécial qui absorbe les gaz d'échappement émis par les deux locomotives.

2. **Essais, réception et mise en service du Tunnel sous la Manche.** — Toute réalisation d'un système industriel se termine par une phase d'essais et de réception des installations, par ensembles de plus en plus étendus, pour arriver enfin aux essais d'ensemble. Dans le cas d'Eurotunnel, ces opérations portaient sur 840 lots, puis 52 systèmes pour arriver enfin aux « tests à l'achèvement », sur la base desquels la Commission intergouvernementale accorde (ou refuse) à Eurotunnel le certificat d'exploiter son système de transport. Initialement, il était prévu que cette phase dure de l'automne 1992 au 15 mai 1993, date à laquelle le système de transport serait mis entièrement en service. Ce programme a été doublement bouleversé par rapport aux prévisions : d'une part, les différentes opérations de réception et d'essai ont été retardées du fait des retards de fabrication et de livraison des équipements et des matériels roulants, sans doute aggravés par les difficultés de coopération entre Eurotunnel et TML jusqu'en juillet 1993 ; d'autre part, les difficultés rencontrées durant les essais finaux, jointes aux retards

de réception du matériel roulant, ont conduit à échelonner la mise en service du système de transport.

En conséquence, le processus de réception et de mise en exploitation commerciale du système de transport d'Eurotunnel s'est prolongé dans le temps et n'était pas encore achevé en février 1995, près de deux ans après la date de mise en service complet initialement prévue, et près d'un an après l'inauguration du Tunnel. Le 10 décembre 1993, TML s'est engagé à transmettre à Eurotunnel le système de transport après achèvement de la plupart des essais systèmes. Le 8 février 1994, le concessionnaire annonçait qu'il ne pourrait pas mettre successivement en exploitation les différents services de février à mai comme prévu. Le 6 mai, le Tunnel était officiellement inauguré ; dix jours plus tard, les certificats d'exploitation des trains de marchandises et des navettes fret étaient accordés ; les premiers trains commerciaux passeront le 1er juin, tandis que les navettes fret entreront en exploitation commerciale normale le 25 juillet suivant, après un service de préouverture depuis le 19 mai. Les Eurostar recevront leur certificat d'exploitation le 12 octobre 1994, bien qu'en préouverture depuis le 17 août, et commenceront un service commercial réduit à la fin octobre (2 allers et retours par jour dans chaque sens sur Londres-Paris et Londres-Bruxelles). Enfin, les rames pour voitures des navettes touristes recevront leur certificat d'exploitation le 15 décembre 1994, après quatre mois et demi de service précommercial, et seront en service commercial depuis le 22 décembre. Au début de 1995, seules les rames pour autocars des navettes touristes restaient à mettre en exploitation. La montée en cadence de ces différents services était en cours, avec une augmentation progressive des fréquences journalières et leur extension à sept jours sur sept après une limitation un temps à cinq jours sur sept. La durée de ce processus est allongée par la nécessité, à cette phase du projet, de combiner les opérations de mise en service, d'exploitation normale, de maintenance préventive et de traitement des incidents de rodage, enfin d'ajustement technique, et ce pour des matériels et un système de transport nouveaux d'une complexité unique pour le secteur ferroviaire. Il faut souligner que même avec ces retards, arriver à concevoir et à mettre en service un système de transport aussi nouveau en dix ans à partir du lancement de l'appel d'offres reste une performance.

Chapitre VI

LE FINANCEMENT
DU PROJET EUROTUNNEL

Le 30 novembre 1984, quand les gouvernements français et britannique ont relancé les projets de liaison fixe transmanche, leur argumentation était que « le projet est techniquement faisable et financièrement rentable ». En 1982, un rapport franco-britannique avait conclu que « la solution du tunnel foré permet une maîtrise satisfaisante des techniques, des délais et des coûts » : les gouvernements choisirent donc le projet Eurotunnel.

Sa rentabilité financière ne sera assurée que si les bénéfices générés par l'exploitation future permettent aux investisseurs de récupérer le capital investi et également d'en obtenir une rémunération intéressante sur la durée de la concession. Cependant les deux grandes questions du financement sont :

1 / Quel est le montant total des capitaux à réunir pour faire face à l'ensemble des besoins financiers du projet Eurotunnel jusqu'au moment où l'exploitation permettra de dégager un excédent suffisant ? Cela dépend du *coût prévisionnel du projet,* des *perspectives de revenus d'Eurotunnel,* mais également des coûts de financement du projet.

2 / A quel moment et sous quelle forme Eurotunnel va-t-il réunir ces capitaux ? C'est la question de *l'organisation du financement* du projet.

I. — Le coût prévisionnel du projet

Le montage financier du projet a nécessité l'évaluation la plus précise possible du coût prévisionnel du projet avant même que les travaux de conception soient terminés... exercice hautement délicat! A partir de la fin de 1986, les entreprises de construction initiatrices du projet, regroupées au sein de TransManche Link, ont perdu le contrôle du groupe Eurotunnel (voir le chap. II) : face à ces partenaires de poids, le tout jeune maître d'ouvrage devra contrôler les coûts pour défendre les intérêts des banques et des actionnaires... avec des enjeux financiers considérables. Examinons le contrat de construction et les prévisions de coûts initiales, puis les révisions des prévisions et des arrangements financiers depuis 1988.

1. **Le contrat de construction de 1986.** — Les coûts du projet comprennent deux volets; au coût direct des travaux - les *coûts de construction* — s'ajoutent en effet les frais financiers et tous les frais généraux — nous les appellerons les *coûts associés* à la réalisation du projet.

Le contrat de construction signé le 13 août 1986 entre Eurotunnel et TML a divisé en trois parties les coûts de construction engagés pour la réalisation du projet :

1 / Les *travaux en dépenses contrôlées* regroupent les constructions des ouvrages souterrains, en particulier le forage des tunnels. Le coût de ces travaux dépend directement des conditions géologiques que rencontreront les tunneliers sur chaque mètre des 150 km à forer : les aléas sont donc inévitables et les estimations difficiles. C'est pourquoi seul un « *prix-objectif* » de réalisation a été convenu. Les constructeurs sont remboursés des coûts constatés majorés d'une commission de 16,5%. Si le prix final s'avère inférieur au prix-

objectif, les constructeurs recevront une prime 50% de l'économie ainsi réalisée; dans le cas inverse, TML prendra en charge 30% du dépassement, pénalisation plafonnée à 6% du prix-objectif. En juin 1987, le coût total des travaux en dépenses contrôlées était prévu se monter à 13,2 milliards de francs *de 1985,* soit pratiquement la moitié des coûts de construction.

2 / Les *travaux à forfait* comprennent la construction des terminaux et l'installation des équipements fixes du système. Dans ces domaines jugés moins aléatoires, plus classiques, le montant du contrat, 11,4 milliards de francs 1985 (40% des coûts de construction prévus en 1987), a été fixé dès le départ : il ne peut être révisé que dans des conditions contractuelles bien précises, notamment en cas de modifications demandées par Eurotunnel.

3 / Les *marchés de fournitures* représentent le troisième volet du contrat de construction (10% du coût de construction prévu en 1987, soit 2,4 milliards de francs en prix 1985); il s'agit surtout du *matériel roulant* qu'utilisera Eurotunnel : navettes, locomotives, véhicules du tunnel de service... Les constructeurs négocient l'ensemble des sous-contrats sous le contrôle d'Eurotunnel et reçoivent une commission de 11,5% des montants conclus avec les fournisseurs.

Le coût de construction prévu en 1987 représentait donc la somme de ces trois composantes, plus 1,3 milliard de francs de provisions pour aléas, soit 28,4 milliards de francs au total, en francs 1985.

Le coût de construction ne représentait cependant que 57% du coût total prévisionnel du projet à cause de l'importance des *coûts associés.* En effet, pendant les *sept ans* prévus pour la réalisation du système, il fallait couvrir les *frais généraux* du Groupe Eurotunnel (6,4 milliards de francs prévus), les répercussions de l'inflation sur les coûts (4,7 milliards de francs de *pro-*

vision pour inflation), et enfin les *coûts de financement* du projet (9,7 milliards de francs d'intérêts et de commissions bancaires) : nous verrons que des emprunts bancaires à long terme couvriront la majorité des besoins de financement du projet.

En 1987, le coût total et le besoin de financement total du projet prévus se montaient donc à 48,7 milliards de francs.

2. **1989-1994 : augmentation des coûts et doublement du besoin de financement du projet.** — Il était inévitable que les estimations de coûts évoluent au fur et à mesure de la construction, en particulier des travaux de forage et de la conception détaillée du système de transport. Au-delà de 1,3 milliard de francs, montant de la *provision pour aléas,* une augmentation des coûts représenterait un dépassement des prévisions de 1987.

Jusqu'en juillet 1989, les ajustements sont restés limités : les prévisions de coût total sont passées à 52,3 milliards de francs en octobre 1988 (+ 3,6 milliards), puis 54,5 milliards en avril 1989, après une première négociation entre Eurotunnel et TML ; la marge de financement reste d'un peu plus de 5 milliards de francs. En revanche, les très difficiles négociations du deuxième semestre 1989 entre Eurotunnel et TML, conclues en janvier-février 1990, conduisent à une augmentation beaucoup spectaculaire des prévisions de coûts : au total les coûts de la construction passent à 42 milliards de francs 1985, contre 28 en 1987, soit 14 milliards d'augmentation (+ 48 %). La moitié du surcoût porte sur les tunnels : 7,5 milliards (+ 56 %). On peut invoquer les retards initiaux des forages, des difficultés logistiques et un contrôle insuffisant des coûts de TML du côté britannique. La moitié restante des augmentations de coût résulte largement de l'augmentation de la complexité du système de transport ;

elle se traduit en premier lieu par une augmentation considérable de la facture du matériel roulant, qui passe à 6 milliards : + 146 % depuis 1987 ; les équipements fixes, eux, augmentent alors de 2,2 milliards (+ 30 %). L'impact de ces augmentations est amplifié par la prise en compte de l'inflation et des intérêts bancaires supplémentaires, et enfin d'un déficit de 2 milliards de francs prévu maintenant pour les premières années d'exploitation : le besoin de financement total passe donc à 76 milliards de francs, en augmentation de 56 % depuis 1987 et de 40 % depuis avril 1989 ! L'accord entre Eurotunnel et TML prenait acte de ces augmentations de coûts, réajustait le calendrier et le calcul des primes ; cependant, la date d'ouverture prévue était maintenue au 15 juin 1993, dorénavant les constructeurs supporteraient 30 % des dépassements de coûts des forages au-delà de 15,8 milliards, la commission de 11,5 % que TML recevait sur les marchés de fournitures était plafonnée à 0,6 milliard de francs. Mais 11 milliards de francs de réclamations des constructeurs restaient en suspens.

Dès la fin de 1991, il est devenu clair que les ajustements de conception du matériel roulant et des équipements du système de transport conduiraient à de nouvelles hausses de coûts. Au printemps 1994, le coût de construction prévu était passé à 46,5 milliards, soit 4,4 milliards d'augmentation (+ 14 %), dont près des trois quarts portaient sur les équipements fixes, un quart sur le matériel roulant : la complexité du système de transport et les ajustements tardifs de sa conception étaient devenus les causes quasi exclusives des surcoûts. Les répercussions des retards dans la mise en exploitation du Tunnel et l'aggravation du déficit des premières années dû à l'alourdissement des charges financières ont conduit à une augmentation de 25 milliards de francs du besoin de financement prévu

(+ 33 %), dont pas moins de 11 milliards pour financer les pertes des premières années.

Finalement, de 1987 à la mi-1994, le besoin de financement prévisionnel du projet est passé de 49 à 101 milliards de francs (+ 52 milliards, soit + 108 %), dont seulement un tiers (18 milliards, soit + 64 %) de relèvement des coûts de construction en francs 1985 : la majeure partie de l'augmentation des besoins de financement du projet Eurotunnel provient des incidences financières des surcoûts et des retards. A eux seuls la charge de la dette avant l'ouverture et les pertes des premières années coûtent 33 milliards de francs en augmentation de besoins de financement. Si l'on rappelle également la nouveauté, la complexité du système de transport et la vitesse de réalisation du projet, on peut conclure que la performance financière du projet Eurotunnel de 1987 à 1994 est décevante, sans être exceptionnellement mauvaise.

II. — Les perspectives de revenus d'Eurotunnel

La rentabilité du projet demande que les péages et autres revenus permettent de dégager d'ici 2042 — maintenant 2052 — des bénéfices d'exploitation suffisants pour rembourser et rémunérer l'ensemble des capitaux investis (le *besoin de financement* du projet) : il faut prévoir le paiement d'intérêts et de commissions aux banques, de dividendes aux actionnaires. Les prévisions de bénéfices d'exploitation sont donc d'une importance cruciale. De telles prévisions à long terme sont un exercice particulièrement difficile, comme le montre l'exemple — extrême — d'une étude de 1962 qui prévoyait que le nombre de passages transmanche de véhicules devrait être de 2,6 millions en 1980, alors qu'il a atteint 9,2 millions, soit plus de trois fois plus.

Deux cabinets de consultants indépendants, SETEC Economie et Wilbur Smith Associates (SETECE-WSA), réalisent des prévisions annuelles sur le trafic puis sur les revenus d'Eurotunnel.

1. **Les perspectives de trafic futur à travers le Tunnel sous la Manche.** — Le trafic transmanche a crû particulièrement vite de 1976 à 1988 : 6,2 % par an pour les passagers, 5 % pour le fret. En 1987, SETECE-WSA prévoyaient prudemment un ralentissement de cette croissance, avec 67 millions de passagers et 84 millions de tonnes de fret en 1993. Or, de 1987 à 1989, la croissance du trafic s'est... accélérée : le nombre de passagers prévu en 1993 a été pratiquement atteint dès 1989 ! Le ralentissement économique qui s'est amorcé en 1990 s'est cependant répercuté sur la progression du trafic transmanche, qui s'est limitée à 3,2 % annuels en 1990-1993 pour les passagers, 5,4 en 1990-1992 pour les marchandises. Les perspectives à long terme du trafic transmanche apparaissaient en 1994 nettement meilleures qu'en 1987, pourtant déjà attrayantes : 107 millions de passagers et 149 millions de tonnes de fret en 2003, respectivement 145 et 217 millions en 2013.

Du fait des atouts du système de transport d'Eurotunnel, SETECE-WSA estimaient que sans même pratiquer une « guerre des tarifs » avec ses concurrents maritimes et aériens Eurotunnel devrait s'attirer une bonne part du marché transmanche en expansion : 33 % des passagers, soit 36 millions et 17 % du fret, soit 25 millions de tonnes, parts qui pourraient se stabiliser par la suite avec une légère érosion pour les passagers (31 % en 2013). De plus, le lien fixe devrait stimuler l'augmentation du trafic transmanche de voyageurs, à hauteur de 6,4 millions de passagers en 2003. Ces prévisions restent cependant fragiles tant que le système de transport n'aura pas subi pleinement le test du marché. Le rythme de montée du trafic les premières années d'exploitation est également un enjeu crucial. Au printemps 1994, Eurotunnel et ses consultants anticipaient 2,8 millions de passagers en 1994, environ 16,3-16,5 en 1995, enfin 21,8-23,1 en 1996. Les retards pris par la suite dans l'ouverture et la montée en cadence des services ont enlevé toute signification à ces chiffres pour 1994 ; les perspectives de trafic en 1995 et en 1996 dépendront directement de la façon dont les différents services monteront en cadence et arriveront à s'imposer commercialement.

2. **Les revenus et les bénéfices prévisionnels de l'exploitation du lien fixe.** — Les bénéfices d'exploitation prévisionnels d'Eurotunnel découleront du trafic, mais aussi des tarifs et des frais d'exploitation futurs.

Le trafic de trains de voyageurs et de marchandises passant par le Tunnel rapportera à Eurotunnel des droits d'utilisation qui varieront en fonction du trafic (voir le chap. II). Cette donnée dépendra des résultats de l'arbitrage en cours au début de 1995 entre Eurotunnel et les compagnies de chemins de fer sur la réévaluation des conditions financières auxquelles ces dernières utilisent le Tunnel. En ce qui concerne les navettes, les prix fixés depuis l'été 1994 visent des niveaux comparables à la concurrence maritime. A la mi-1994, le chiffre d'affaires d'Eurotunnel pour 1994 était prévu de 1,3 milliard de francs, puis 5,1 milliards en 1995 et 7,2 milliards en 1996, pour atteindre des niveaux de 12,8 milliards en 2003 et 22,2 milliards en 2013. Comme les charges d'exploitation en exploitation normale sont évaluées à 2,5 milliards environ les premières années, Eurotunnel prévoyait d'atteindre dès 1995 un bénéfice d'exploitation de 0,7 milliard de francs, avec ensuite une augmentation continue : 2,7 milliards en 1996, 4,2 milliards en 1998, 6,6 milliards en 2003. Les retards d'ouverture commerciale ont conduit en 1994 à un chiffre d'affaires bien plus faible (0,25 milliard de francs). Début 1995, l'objectif restait d'atteindre au plus vite l'équilibre d'exploitation avant coûts de financement. L'obtention de revenus suffisants demandera d'obtenir les trafics désirés à des tarifs assez rémunérateurs, bref une bonne position sur le marché.

III. — Le montage financier du projet du Tunnel sous la Manche

Atout du projet Eurotunnel dans la compétition de 1985, le montage financier du projet Eurotunnel a été conçu par les cinq banques membres du *Consortium France Manche/Channel Tunnel Group* — Indosuez, Crédit Lyonnais et BNP côté français, National Westminster Bank et Midland Bank côté britannique.

Les deux sources classiques de financement d'un projet sont les *capitaux propres* apportés par les actionnaires et les *emprunts bancaires*, d'autre part. A partir du moment où un projet doit s'assurer une rentabilité élevée, les actionnaires ont intérêt à ce que la part du financement assurée par des emprunts bancaires soit élevée, selon le principe financier classique de l' « effet de levier ». Cependant, les banques n'acceptent de s'engager qu'avec des garanties sérieuses, en particulier un « volant de sécurité » important en capitaux propres : si les bénéfices d'exploitation s'avèrent inférieurs aux prévisions, les actionnaires toucheront moins (ou pas) de dividendes tandis que les banques toucheront intérêts et commissions... Pour le projet Eurotunnel, plus de 80 % du financement mis en place en 1987 sont assurés par des prêts bancaires, les 17 % restants étant apportés par des actionnaires.

1. **Le montage financier de 1987.** — Le financement initial du projet a été organisé en deux temps : un premier financement pour 1986-1987 puis, après rati-

fication du traité franco-britannique, un montage financier complet destiné à couvrir l'ensemble du projet.

Le *financement « préliminaire »* s'est monté autour de plusieurs levées de capitaux propres. Jusqu'en septembre 1986, les dix constructeurs et les cinq banques fondateurs d'Eurotunnel ont apporté 0,5 milliard de francs. En *octobre 1986,* Eurotunnel porte son capital à 2,5 milliards de francs environ par un « placement privé » auprès de grands investisseurs internationaux : le « cordon ombilical » avec les actionnaires fondateurs de TML était coupé.

Le montage financier complet prévoyait qu'Eurotunnel se réserve dès le départ une marge de financement de 11 milliards de francs en plus du coût total prévu, soit 49 milliards en 1987 ; cela impliquait de réunir 60 milliards de francs se répartissant en 50 milliards de crédits bancaires et 10 milliards de capitaux propres. Deux opérations financières de grande envergure ont donc dû être combinées à l'automne 1987 : obtention des crédits bancaires et augmentation de capital ouverte au grand public.

A) *La Convention de crédit du 4 novembre 1987.* — Dès septembre 1986, Eurotunnel obtenait un engagement de prêt de 52,5 milliards de francs auprès d'un syndicat bancaire international de 40 banques. En juin 1987, dix établissements financiers avaient accordé un financement intérimaire de 725 millions de francs ; dès la ratification du traité sur le Tunnel sous la Manche, en juillet 1987, il fallait mettre en place le plus tôt possible le financement d'ensemble du projet pour que les travaux principaux puissent s'engager ; le 25 août, plus de 50 banques signent le contrat de garantie de prêt à Eurotunnel, lui assurant jusqu'à 50 milliards de francs de crédits à la condition qu'Eurotunnel obtienne 7,7 milliards de francs de capitaux propres supplémentaires. Le 4 novembre, 198 banques du monde entier réunies en *syndicat de prêt bancaire international* signent la Convention de Crédit. Dès le 7 septembre, la Banque Européenne d'Investissement (BEI) avait manifesté le soutien de la CEE au projet en accordant à Eurotunnel 10 milliards de francs de refinancement de ses crédits bancaires.

Les 50 milliards de francs accordés par le Syndicat de Crédit peuvent être utilisés sur une « période de disponibilité » de sept ans à partir de juillet 1988 : Eurotunnel peut faire appel aux crédits jusqu'à la mi-1995, deux ans après la date d'ouverture prévue ; le remboursement dure normalement de juillet 1995 à juillet 2005. Eurotunnel se voit par ailleurs reconnaître le droit — conditionnel, certes — de refinancer l'intégralité des crédits accordés par le syndicat bancaire. Sur la base de ces financements et de choix financiers probables d'Eurotunnel, on pouvait calculer en 1987 que les frais financiers (nets d'intérêts de placements) se monteraient à 2,3 milliards de francs en 1993, culmineraient à 3,5 milliards en 1994 pour diminuer progressivement par la suite (2,7 milliards en 1998, 1,7 en 2003...). Les remboursements représenteraient 8 milliards de francs en 1995, 5,6 milliards en 1998 et moins de 1,5 milliard par an les années suivantes.

Bien entendu les banques ont accordé ces crédits à Eurotunnel à des conditions très précises. La Convention de Crédit définit par exemple cinq cas précis dans lesquels l'emprunteur pourrait être déclaré en défaillance, faute de pouvoir achever les travaux avec les ressources prévues ou de pouvoir rembourser suivant l'échéancier convenu. Les banques seraient alors en droit de prendre des mesures, y compris d'exiger le remboursement immédiat de leurs prêts et de prendre le contrôle direct de la construction ou de l'exploitation du lien fixe. Avant cela, plusieurs indicateurs financiers (« ratios de couverture ») peuvent servir à « donner l'alerte » aux banques en leur signalant une dégradation de la situation financière d'Eurotunnel ce qui leur donnerait déjà des droits, par exemple s'opposer au refinancement de leur dette ou à la distribution de dividendes et stopper la distribution de crédits. Les banques jouent donc un rôle majeur dans le projet ; leur soutien seul a permis de réussir l'augmentation de capital de novembre 1987 et de bien passer la période de turbulences de 1989-1990.

B) *L'augmentation de capital de novembre 1987,* initialement prévue pour l'été 1987, n'a finalement eu lieu qu'à l'automne, une fois les financements bancaires entièrement obtenus. L'annonce le 9 octobre 1987, par le gouvernement français, de la mise en service d'une ligne TGV-Nord pour 1993 a également joué un rôle crucial dans l'aboutissement du financement. EPLC et ESA, sociétés mères du Groupe Eurotunnel (voir le chap. II), étaient chargées de recueillir 7,7 milliards de francs pour faire passer à 10,2 milliards de francs les capitaux propres d'Eurotunnel. 7 milliards de francs seraient obtenus par une émission publique d'actions (3,5 à Paris, 3,5 à Londres), et 0,7 milliard par un placement « privé » auprès d'investisseurs internationaux. Le prix d'émission a été fixé à 35 F par unité Eurotunnel regroupant une action d'ESA et une action d'EPLC.

En 1987, il était prévu qu'Eurotunnel réaliserait des bénéfices distribuables croissants dès l'ouverture du lien fixe jusqu'à la fin de la concession au fur et à mesure de l'augmentation du bénéfice d'exploitation et de la baisse des frais financiers : 0,6 milliard de francs en 1993, 1,6 en 1996 puis 3,3 en 1998, 5,7 en 2003... jusqu'à 178 — théoriques — en 2041, en francs courants « incorporant » l'inflation, certes. De même, le dividende par unité Eurotunnel passerait de 3,90 F en 1994 à 14,6 en 2003, jusqu'à 228,8 F en 2041. En actualisant l'ensemble de ces dividendes à la mi-1995 au taux de 12 %, on obtenait une valeur théorique de l'unité Eurotunnel de 240 F en 1995 — avantages fiscaux inclus — et un « taux de rendement interne » prévisionnel théorique de *17,7 %.* La rémunération prévisionnelle à long terme des actions Eurotunnel apparaissait élevée, comparable à celle d'opérations de « capital-risque ».

Pour motiver les souscripteurs, Eurotunnel a prévu que les particuliers souscripteurs de 1987 qui conserveront leurs unités Eurotunnel d'origine pourront bénéficier d'avantages tarifaires sur des traversées de la Manche *en navette* suivant un barème précis : par exemple, un souscripteur de 1 500 unités pour 52 500 F en 1987 obtenait la possibilité d'effectuer un nombre illimité de voyages jusqu'en 2042, pour 10 F par trajet. Eurotunnel a ainsi cherché à s'attacher un petit et moyen actionnariat de particuliers. L'augmentation de capital se déroule du 16 au 27 novembre, maintenue en dépit du krach boursier d'octobre ; quelque 200 000 particuliers deviennent actionnaires en France, 100 000 en Grande-Bretagne.

2. **Le financement complémentaire de 1990.** — En juillet 1989, les hausses importantes de coûts annoncées par Eurotunnel rendaient nécessaire un financement complémentaire à celui de 1987.

Le complément de financement nécessaire a été évalué à 25 milliards de francs. En mai-juin 1990, les actionnaires et les représentants du syndicat bancaire ont donné leur accord pour la mise en place de 20 milliards de nouveaux crédits bancaires et la levée de 5 milliards de capitaux propres supplémentaires auprès du public. De longues négociations avec les 198 banques du syndicat bancaire s'engagent, compliquées à partir du 2 août par les problèmes financiers internationaux entraînés par l'invasion du Koweit par l'Irak ; le *25 octobre 1990,* la *Convention de Crédit révisée* est signée, ouvrant la voie à l'augmentation de capital de novembre-décembre 1990.

Le montant total des crédits accordés passe de 50 à 68 milliards de francs (+ 18 milliards). Les crédits seront disponibles jusqu'au 30 juin 1996 et la période de remboursement est prolongée jusqu'en 2010 ; en cas de défaillance, un échéancier de remboursement jusqu'en 2012 a été prévu. Enfin, les commissions et intérêts ont été relevés.

Comme 3 milliards de francs supplémentaires ont également été apportés par la Banque Européenne d'Investissement, le total des crédits bancaires accordés à Eurotunnel est passé de 50 à 71 milliards de francs.

B) *L'augmentation de capital de la fin de 1990*. — Le 12 novembre 1990, Eurotunnel lançait une augmentation de capital de 5,7 milliards de francs, soit une augmentation de près de 60% de ses capitaux propres. 332 millions de droits préférentiels de souscription ont permis aux actionnaires de souscrire les 199 millions d'unités nouvelles à un prix de souscription de 28,25 F par unité.

Le succès de l'augmentation de capital d'une telle ampleur demandait de présenter des perspectives de rentabilité attrayantes. En 1990, Eurotunnel prévoyait maintenant de subir des pertes d'environ un milliard de francs par an de 1993 à 1996, suivies de bénéfices croissants (0,3 milliard de francs en 1997, 1 milliard en 1998, 4,3 milliards en 2003...) à mesure que les bénéfices d'exploitation croîtront, et que la charge financière des emprunts diminuera. La valeur actualisée de l'ensemble des dividendes prévus — et donc la valeur théorique de l'unité Eurotunnel — serait en 1999 de 160 F en cas d'actualisation à 12% (100 F et 210 F respectivement pour des taux de 15% et de 10%); ces perspectives restent attractives pour qui est confiant envers la suite du projet. Comme dernière incitation à la souscription de 1990, Eurotunnel offrait enfin de nouveaux avantages tarifaires aux souscripteurs de 1990 qui conserveraient leurs actions. L'augmentation de capital a finalement été un succès malgré une conjoncture défavorable sur le marché financier : le public a souscrit directement 92% des unités nouvelles.

3. Le complément de financement de 1994. — A la fin de 1990, la marge de financement d'Eurotunnel était revenue à plus de 10 milliards de francs. A l'automne de 1991, le passage à 80,5 milliards du besoin de financement prévu a réduit cette marge à quelque 6 milliards; les premiers bénéfices étaient alors prévus pour 2000.

En 1991, la Communauté Européenne du Charbon et de l'Acier a accordé à Eurotunnel un crédit de près de 2 milliards de francs pour son utilisation d'acier communautaire. Cependant, dès le premier semestre 1992, la dégradation des perspectives financières d'Eurotunnel l'ont contraint à demander au syndicat bancaire une dérogation pour effectuer des tirages sur les lignes de crédits, plusieurs fois prorogée par la suite. Un financement complémentaire s'avérait à nouveau nécessaire. Dès juillet 1993, des droits de souscription d'actions ont été accordés aux actionnaires, susceptibles d'apporter 1,5 milliard de francs par souscription jusqu'en décembre 1994 : il n'a pu être mis en place qu'au printemps 1994, après l'accord Eurotunnel-TML sur le prix des équipements fixes et la prorogation de dix ans de la Concession par la France et par la Grande-Bretagne. Sur les 13,5 milliards de francs de complément de financement, les banques ont accepté d'en accorder 5,9 milliards en « crédit sénior » (plus une offre complémentaire de 500 millions de livres). Les actionnaires, eux, ont été sollicités en juin 1994 pour une nouvelle augmentation de capital de 7,2 milliards de francs, à un prix de souscription tombé à 22,5 F par unité. Eurotunnel prévoyait d'arriver à l'équilibre financier en 2002, et de distribuer un premier dividende en 2004; bénéfices et dividendes croîtraient ensuite régulièrement. Le taux de rendement interne prévisionnel calculé sur la base d'une action à 22,5 F par unité se montait maintenant à presque 12%, ce qui restait honorable. Une nouvelle fois, les actionnaires ont répondu à l'appel en souscrivant directement à 87% du montant recueilli. Le total des financements du projet se montait maintenant à 105,3 milliards de francs, ce qui laissait une marge de plus de 4 milliards de francs par rapport aux besoins de financement alors prévus.

Au début de 1995, les retards constatés dans la montée en puissance des quatre services de transport transmanche, le caractère encore trop partiel du test du marché renouvellent en quelque sorte les incertitudes financières sur un projet qui a abouti dans des conditions financières difficiles : non seulement les coûts ont augmenté, mais la conjoncture économique s'est dégradée tandis que les taux d'intérêt réels sont restés à des niveaux record alourdissant d'autant la charge de la dette d'Eurotunnel : à la mi-1994, elle était prévue culminer en 1999 à 6,2 milliards de francs annuels.

Chapitre VII

L'IMPACT DU TUNNEL
SOUS LA MANCHE

A la fin du XXe siècle, la construction du Tunnel sous la Manche répond à une demande considérable *et croissante* de transport entre la Grande-Bretagne et le Continent. Une étude de 1989[1] du Parlement européen a conclu que l'intérêt économique du projet pour la collectivité devrait être près de huit fois supérieur au bénéfice d'Eurotunnel prévu et vingt fois supérieur au préjudice que subiraient les ferries. Les principaux impacts économiques spécifiques du projet concerneront le marché du transport transmanche, les transports terrestres européens et enfin les deux régions d'accès au Tunnel, le Nord-Pas de Calais et le Kent.

I. — Le tunnel sous la Manche,
troisième mode de transport transmanche

Le *système Eurotunnel* a été conçu comme un troisième grand mode de transport transmanche à côté du maritime et de l'aérien.

1. Le dynamisme du transport transmanche à la charnière des années 1980 et 1990. — Pris au sens large, le trafic transmanche regroupe l'essentiel des échanges

1. Voir *The Channel Tunnel* de I. Holliday, etc.

entre la Grande-Bretagne et l'Europe continentale[1]. Actuellement réparti entre le maritime et l'aérien, ce marché a connu un essor considérable depuis vingt-cinq ans.

A) *Lignes et opérateurs transmanche traditionnels.* — Les liaisons rapides par ferries, hovercrafts et catamarans pour piétons et véhicules routiers sont les principaux concurrents maritimes du Tunnel. Au début des années 1990, au moins une liaison maritime par jour entre la France et la Grande-Bretagne était assurée sur douze lignes, groupées en cinq grands couloirs : la Manche Ouest, la Manche centrale et le détroit du Pas-de-Calais relient la France et le sud de l'Angleterre ; les deux couloirs de la mer du Nord joignent l'Angleterre à la Belgique et aux Pays-Bas.

La majorité des passages est traditionnellement assurée par des ferries, ou rouliers bateaux spécialisés dans le transport des véhicules (voitures, autocars, camions...) et des voyageurs sans véhicules. Les plus grands (jumbo-ferries) peuvent accueillir plus de 2 000 passagers et 500 véhicules à la fois. Après avoir conduit leurs véhicules dans la soute du ferry, les voyageurs « motorisés » rejoignent les « piétons » dans les espaces aménagés en étage. D'autres transporteurs rapides assurent également des trajets courts : aéroglisseurs et, plus récemment, catamarans géants de la Compagnie Hoverspeed : appelés « Seacats », ils peuvent faire passer le détroit à 450 passagers et 80 voitures théoriquement en 35 minutes de traversée et 1 h 15 de transit total ; en fait, une traversée durait normalement une cinquantaine de minutes en 1991 ; par ailleurs, les Seacats ne transportent ni les camions ni les autocars ; nettement plus rapides que les ferries, ils sont particulièrement compétitifs sur la traversée du Pas de Calais. Les deux plus gros opérateurs sur les lignes francobritanniques sont la compagnie britannique *P&O* (14 millions de passagers en 1994) et le Groupement *Sealink* rassemblant le Britannique Sealink Stena et la SNAT (Société Nouvelle d'Armement Trans-

1. Pour Wilbur Smith/SETECE : 8 pays du continent pour le fret, 12 pays pour les passagers sans véhicules, toute l'Europe continentale pour les voitures et autocars.

manche) avec 9 millions de passagers ; viennent ensuite Britanny Ferries et Hoverspeed. Sur les lignes du Nord, les autres « grands » sont la Régie maritime des Transports belge (RTM), North Sea Ferries, Sally Line et Olau Line.

Aujourd'hui, la majorité du trafic de voyageurs transmanche est cependant assurée par air. La ligne Paris-Londres est la plus fréquentée d'Europe avec 3,7 millions de passagers en 1993. Bruxelles-Londres est la deuxième grande ligne (un million de voyageurs).

B) *L'essor du trafic transmanche.* — La croissance économique des dernières décennies en Europe et plus particulièrement en Grande-Bretagne a favorisé les échanges de marchandises — et donc le transport de fret — mais aussi les dépenses de loisirs — et donc les voyages ; c'est pourquoi le trafic voyageurs comme le trafic marchandises ont augmenté très rapidement depuis vingt-cinq ans.

a) Le trafic transmanche de voyageurs a augmenté de 80 % de 1973 à 1983, année où il a atteint 45 millions de voyageurs ; les 64 millions de passagers ont ensuite été atteints en 1989, puis 71 millions en 1993. A la fin des années 1980, la forte poussée du trafic aérien a contrasté avec la quasi stagnation du transport maritime : en 1993, sur un total de 71 millions de passagers, 61 % (soit 43 millions) ont voyagé par air contre 50 % environ au début de la décennie. Plus des deux tiers des voyageurs transmanche sont britanniques et plus de 80 % des voyageurs traversent pour leurs loisirs. Seuls 15 % des passagers aériens transmanche empruntent une liaison avec la France, 10 % avec le Benelux, 20 % avec l'Allemagne, tandis que l'Italie et l'Espagne en totalisent pratiquement 36 %. Les lignes courtes Londres-Bruxelles et Londres-Paris ont porté sur 4,8 millions de passagers en 1993, soit 12 % du trafic aérien transmanche.

Les différentes lignes entre la France et la Grande-Bretagne ont totalisé plus des trois quarts du trafic maritime transmanche en 1993. Le trafic se concentre de plus en plus sur le détroit : 63 % des passages en 1993 contre 57 % en 1988. Parmi les Britanniques traversant par mer, environ 60 % étaient en voyage pour la France.

En 1993, la moitié des voyageurs par voie maritime traversait en voiture, 29 % en autocar ; leur part est croissante, alors que la proportion de piétons est tombée à 21 %, contre une petite moitié en 1980.

b) Le trafic de fret transmanche a également connu une expansion continue, passant de 53 millions de tonnes en 1983 à 89 millions de tonnes environ en 1992.

Les « lots unitaires » se prêtent le mieux à un transport sous la Manche ; or, ils représentaient donc la moitié du trafic de marchandises transmanche en 1987 contre moins de 40 % onze ans plus tôt. Environ les trois quarts de ce trafic traversent en *roll-on roll-off* (ou « Ro-Ro » ou encore « roulage »), à bord d'un camion embarqué sur un bateau transbordeur, généralement un ferry ; ce type de trafic de fret transmanche a augmenté de 132 % de 1976 à 1987. En 1992, le trafic de conteneurs et wagons se montait à 9 millions de tonnes, soit 10 % du trafic, le roulage à 33 millions de tonnes (37 %), dont la moitié traversait par le détroit. L'orientation géographique du trafic de fret est globalement défavorable à la France : environ un tiers du fret unitaire passe par les ports français.

2. Une nouvelle donne du transport transmanche. —
La croissance de la production, des échanges et du niveau de vie en Grande-Bretagne et en Europe sont apparemment les facteurs majeurs d'évolution « spontanée » du trafic transmanche. Les économistes s'attendent donc à la poursuite accélérée puis ralentie du trafic transmanche. Les consultants indépendants d'Eurotunnel, Wilbur-SETECE, prévoyaient en 1994 que, après avoir progressé de 4 % par an en moyenne de 1986 à 1993, le trafic passagers continuera à croître sur longue période, passant, hors effet du tunnel, de 71 à 136 millions de 1993 à 2013. De même, après une croissance de 5,2 % par an entre 1986 et 1992 malgré une conjoncture économique peu favorable, le trafic

marchandises devrait passer de 89 millions de tonnes en 1992 à 214 millions en 2013. Or, le Tunnel sous la Manche représentera non seulement une capacité supplémentaire venant concurrencer les transports transmanche mais un facteur d'élargissement des marchés voyageurs et marchandises.

A) *L'impact du Tunnel sur les perspectives du transport de voyageurs transmanche.* — Dès la mise en service de trains directs transmanche, les voyageurs en train bénéficieront de gains de temps considérables par rapport aux trajets *train-bateau-train* : la disparition de la rupture de charge fera gagner automatiquement plus d'une heure et demie; la mise en service des TGV-Nord accroîtra encore cet avantage : les trajets Paris-Londres et Londres-Bruxelles passeront immédiatement à un peu plus de trois heures. Or, le choix du

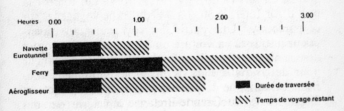

Durée de traversée du Pas-de-Calais avec automobile

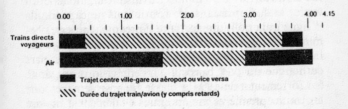

Durée totale du voyage du centre de Londres au centre de Paris

train entraîne de nombreux gains de temps par rapport à l'avion : proximité des gares par rapport au centre ville, fiabilité des horaires, absence d'attente à l'aéroport... Le train deviendra très compétitif en temps par rapport à l'avion, notamment sur les deux liaisons transmanche les plus importantes, Paris-Londres et Paris-Bruxelles, alors que des retards sont enregistrés sur une proportion croissante des vols.

Les TGV transmanche pourraient donc attirer une grande proportion des piétons traversant jusque-là par voie maritime : le consortium Sealink a déclaré s'attendre à ce que les ferries perdent 60 % du trafic transmanche d'usagers des chemins de fer et 90 % des passages de piétons à travers le détroit. Les lignes aériennes devraient également perdre une partie importante de leur trafic passagers, notamment sur les liaisons avec la France et la Belgique. Rappelons que la mise en service du TGV Paris-Lyon a fait tomber la part d'Air Inter de 30 % à 9 % du trafic voyageurs sur ce parcours... Une partie des voyageurs qui traversaient jusque-là en voiture ou en car pourraient opter désormais pour le rail. Enfin, les voyages transmanche pour de courts séjours devraient se multiplier : tourisme britannique de week-end, séjours touristiques et linguistiques de courte durée en Angleterre par des « continentaux »... En 1990, la SNCF prévoyait 16,5 millions de voyageurs transmanche annuels par rail à l'ouverture du Tunnel et British Rail, moins optimiste, 13,4. Cependant, les restrictions de capacité de la ligne et la politique tarifaire des compagnies de chemins de fer qui semblent s'aligner dans l'ensemble sur les tarifs aériens pourraient limiter sensiblement la part de marché du TGV Eurostar. Les prévisions ont donc été fortement revues à la baisse, non seulement pour les toutes premières années, mais également à moyen et long terme : 10,4 millions de passagers ferroviaires en 2003, contre 16,3 millions prévus par la SNCF en 1990, ou 13,4 millions prévus par British Rail dès l'ouverture du Tunnel...

Dans le cas des traversées de la Manche par voiture et par car, Wilbur-Smith-SETEC prévoient que les prix pratiqués par Eurotunnel et ses concurrents devaient être à peu près alignés ; la durée totale de transit serait de 1 h 05 en moyenne par le Tunnel sous la Manche (35 minutes de trajet et 30 minutes sur les terminaux), plus de 2 h 30 en ferry et 1 h 50 en aéroglisseur (pour 1 h 20 et 35 minutes de trajet) sur la ligne Calais-Douvres. En plus d'un gain de temps de 45 minutes ou de 1 h 30 en moyenne, Eurotunnel compte sur la fiabilité, la fréquence et le « confort terrestre » de ses services de navettes pour s'attacher une clientèle importante. Les traversées en voiture et en car pourraient être encouragées, y compris parmi la clientèle aérienne actuelle. Le but d'Eurotunnel est d'attirer au plus vite la moitié du trafic passagers maritime sur le détroit. Cependant, seule la réaction de la clientèle montrera le poids relatif qu'elle accorde aux avantages et inconvénients comparés du Tunnel et des ferries après les efforts considérables consentis par les compagnies maritimes ces dernières années.

L'évaluation de tous ces effets diverge évidemment suivant les sources. En 1994, Wilbur-Smith-SETEC ont estimé que sur les 108 millions de passagers transmanche annuels prévus à l'horizon 2003 le Tunnel pourrait en détourner 29 % des autres transporteurs mais également susciter 7 % de traversées supplémentaires.

B) *Les inflexions prévues du trafic de fret transmanche.* — Le passage direct de trains de marchandises par le Tunnel sous la Manche facilitera considérablement le fret ferroviaire entre la Grande-Bretagne et le continent européen en supprimant les deux ruptures de charge qu'entraînait la traversée par mer : le trafic de fret ferroviaire transmanche devrait prendre de l'ampleur, notamment pour le vrac et les véhicules neufs. Quant au trafic de fret par la route, Eurotunnel compte faire passer par ses navettes une partie importante des camions traversant le détroit même si les compagnies de ferries espèrent fidéliser leur clientèle. Les consultants d'Eurotunnel s'attendaient en 1994 à ce qu'en 2003, le Tunnel sous la Manche obtienne 17% du marché y compris un trafic induit de 2%.

Le Tunnel sous la Manche pourrait donc attirer près d'un tiers du trafic voyageurs, près d'un cinquième du trafic marchandises tout en favorisant l'expansion du trafic de voyageurs transmanche.

II. — Une impulsion décisive à la modernisation des transports européens ?

Les futurs partenaires et concurrents d'Eurotunnel ont logiquement engagé des actions d'adaptation. L'impact du Tunnel sous la Manche s'étend nettement au-delà de la France et de la Grande-Bretagne : une étude de 1981 commandée par le Parlement européen avait conclu que ses « bénéfices » reviendraient pour 47% à la France, 30% à la Grande-Bretagne mais 23% également aux autres pays européens (en particulier 3,3% à la Belgique et 2,9% à la Hollande). La future mise en service du Tunnel sous la Manche a rapidement déclenché trois grands mouvements : la modernisation accélérée des transports maritimes transmanche, la mise en chantier d'un réseau ferré européen à grande vitesse et la relance du transport rail-route.

1. **La modernisation accélérée des transports maritimes transmanche.** — Au départ du projet, de nombreux intérêts maritimes se sont alliés au sein du Groupement *Flexilink* pour s'opposer au projet de *lien fixe* (voir le chap. VIII). Après la ratification du Traité sur le Tunnel sous la Manche, les opérateurs maritimes ont disposé de sept années pour se préparer.

Concentrations et restructurations se sont succédées ; du côté britannique, la P&O European Ferries a racheté Townsen Thoresen, la Sealink UK est passée sous le contrôle du Suédois Stena Line ; en France, la SNAT est créée en 1990 à partir de Sealink France, département de la SNCF et s'associe avec Sealink Stena Line dans un nouveau Consortium Sealink ; ce dernier tente de s'allier à P&O mais la Commission britannique de la concurrence s'y oppose en 1990. Les acquisitions et modernisations de navires se multiplient, mais aussi les mesures douloureuses : réorganisation du travail, fermetures de lignes comme entre Douvres et Zeebrugge en 1991, désarmements de bateaux, licenciements...

Ports et transporteurs maritimes cherchent à renforcer leur compétitivité, notamment en améliorant la rapidité et la commodité du transport. *Hoverspeed* a choisi de lutter sur le terrain de la vitesse de traversée en remplaçant d'ici 1993 l'ensemble de sa flotte d'aéroglisseurs sur le Pas de Calais par des « Seacats » réduisant théoriquement le temps total de transit à 1 h 15. Ces engins concilient-ils nettement mieux que les aéroglisseurs grande vitesse sur l'eau et confort de la traversée pour les passagers ? En fait, cela ne paraît vraiment pas prouvé. Quant aux compagnies de ferries, elles cherchent à diminuer les temps d'attente, de manœuvre et de formalités, à augmenter et régulariser les fréquences de départ, à simplifier les réservations ; Sealink et P&O ont chacune mise en place un service de 25 départs par jour de Calais comme de Douvres avec un appareillage toutes les quarante-cinq minutes.

Le prix et la qualité du service offert sont deux autres priorités. Hoverspeed espère offrir des traversées moins chères que par le Tunnel ; les compagnies de ferries comptent sur la mise en service de jumbo-ferries de grande capacité pour pouvoir modérer leurs prix, en compensant de faibles marges par la quantité de trafic. P&O et la Sealink comptaient mettre en commun leurs services à terre. Un effort portera également sur l'agrément et le confort du voyage, atout traditionnel des ferries : les navires acquis ou modernisés sont de standard supérieur avec des boutiques et distractions de bord améliorées. Les compagnies maritimes cherchent ainsi à promouvoir la traversée maritime comme « mini-croisière », tandis qu'Eurotunnel critique la concurrence déloyale qu'occasionnent à ces yeux les boutiques hors taxes à bord des ferries, alors qu'il n'a pas le droit de faire des ventes hors taxes à bord de ses navettes mais seulement sur ses terminaux.

Différents opérateurs maritimes vont enfin chercher à promouvoir d'autres lignes que le détroit et à diversifier leurs services.

2. **La mise en chantier d'un réseau TGV Nord européen.** — La construction de lignes ferroviaires à grande vitesse au nord de Paris, en Grande-Bretagne et en Europe du Nord est un prolongement logique à la réalisation d'un Tunnel sous la Manche. Le 9 octobre 1987, la France décidait de réaliser d'ici 1993 une ligne TGV Nord, Paris-Lille-Calais. Trois semaines plus tard, le 26 octobre 1987, les ministres européens des transports adoptaient un projet de *TGV nord-européen* Paris-Lille-Londres-Bruxelles-Cologne-Amsterdam.

A) *La réalisation accélérée du TGV Nord français.* — En octobre 1987, le gouvernement français suivra l'avis donné en mars par la commission Rudeau en optant pour un tracé Paris-Roissy-Lille-Calais, passant à l'est d'Amiens ; l'Etat s'engagera cependant en mars 1988 à faire construire à partir de 1997 une liaison Paris-Calais passant par Amiens, le TGV Picardie ; à son ouverture, prévue en l'an 2000, cette ligne plus courte de plus de 50 km devrait faire gagner vingt minutes sur le trajet Paris-Londres.

Trois nouvelles gares ont été construites, à Frethun--Calais près du Tunnel, à Lille et à mi-chemin entre

Amiens et Saint-Quentin (gare picarde en pleine campagne, à 2 km de la gare de Chaulnes). *Trois* modèles nouveaux de TGV seront mis en service : rames à deux niveaux pour les liaisons *Paris-Nord de la France*, rames internationales tri- ou quadri-courant *Paris-Bruxelles-Cologne-Amsterdam* et rames transmanche (voir chap. V). Une interconnexion autour de Paris assurera sur 105 km la liaison entre l'ensemble des lignes TGV desservant la capitale (Sud-Est, Atlantique et Nord, en attendant l'Est), créant un véritable réseau français intégré reliant directement le Nord et le Sud de l'Europe de l'Ouest. Grâce aux effets conjugués du TGV Nord et du Tunnel sous la Manche, le trafic de la gare du Nord, déjà troisième du monde pour les grandes lignes, pourrait passer de 21 millions en 1986 à quelque 31 millions en 1995, dont 9 millions entre Paris et Londres et 8 millions entre Paris et Bruxelles. L'investissement nécessaire a été évalué à 21 milliards de francs en 1987, dont 12 pour l'infrastructure TGV Nord, 4 pour l'interconnexion et 5 pour le matériel roulant initial. En prenant en compte les intérêts sur emprunts, le coût total a été évalué à 30 milliards de francs environ. Grâce à l'augmentation des trafics, la SNCF tablait sur un rendement global de l'opération de 12% par an : l'opération devait être rentable même sur le plan strictement financier.

Après les derniers arbitrages gouvernementaux du printemps 1988 sur le tracé, la réalisation de la ligne TGV Nord s'engage rapidement. Pour réaliser 332 km de voies nouvelles impliquant plus de 300 ouvrages d'art, la SNCF — maître d'ouvrage — ne disposait que de six ans d'études, travaux et essais pour tenir l'échéance de 1993 : dix-huit mois de moins que le TGV Atlantique pour un kilométrage pratiquement double.

Quelques difficultés ont conduit la SNCF à mettre en service le TGV Nord en deux étapes en 1993 : les

160 km Paris-Arras en juin, les 172 km à grande vitesse Arras-Lille-Frethun en octobre ; cette ligne est d'ores et déjà un succès d'exploitation, malgré les contestations auxquelles à donné lieu la tarification appliquée par la SNCF, qui a nettement renchéri le coût du billet.

B) *Les difficultés des projets de liaison à grande vitesse à travers le Kent.* — Une ligne à grande vitesse tout le long du trajet entre Paris et Londres permettrait de tirer le meilleur parti du Tunnel en reliant les deux capitales en deux heures et demie. Mais la ligne doit passer par la région du Kent, « jardin de l'Angleterre » densément peuplé, bastion du parti conservateur et aspirant à préserver son cadre de vie traditionnel. Une liaison à grande vitesse Londres-Folkestone serait nécessairement coûteuse : même le réaménagement des lignes actuelles demande d'augmenter à la fois l'écartement entre les voies et le gabarit de tous les ouvrages d'art puisque la taille maximale du matériel roulant est plus faible en Grande-Bretagne qu'en Europe continentale. Or, Margaret Thatcher, premier ministre britannique jusqu'en automne 1990, s'en est toujours tenue au principe affirmé dans le Tunnel Act britannique de 1987 : pas de fonds publics pour le projet privé de liaison transmanche. Dans ces conditions, le projet n'a pas pu aboutir. En mars 1989, le premier projet de liaison de 109 km entre Londres et Folkestone a soulevé une tempête de protestation d'habitants du comté du Kent et du sud de Londres ; le projet remanié de novembre 1989 prévoit un coût de 35 milliards de francs (plus du double de la ligne française de TGV Nord !), sans apaiser les oppositions locales. L'absence de toute aide publique empêchait de réunir le financement nécessaire.

A l'automne 1991, pratiquement un an après que M. Major est devenu premier ministre, le gouvernement britannique annonce un nouveau tracé. Le dossier a cependant fini par être relancé. En effet, la faible capacité de la ligne existante est, davantage encore que l'accélération du parcours d'Eurostar sur le sol britannique, une limitation majeure des perspectives de croissance du trafic de passagers transmanche. Le contraste entre les parcours d'Eurostar en France et en Angleterre est d'ailleurs mal ressenti par de nombreux Britanniques. En mars 1994, un appel d'offres à consortium privé a été lancé pour construire et exploiter la ligne de 109 km d'un coût d'environ 35 milliards de francs auquel le gouvernement britannique accepte de contribuer. Elle ouvrira en 2002 au plus tôt.

C) *Le projet de ligne à grande vitesse Lille-Bruxelles-Cologne-Amsterdam* a été officiellement adopté, le 26 octobre 1987, avec l'objectif de la réaliser pour 1993 ; la SNCF était désignée maître d'œuvre. La réalisation du projet de TGV nord-européen demandait que les pays concernés se répartissent coûts et revenus et fassent aboutir chacun « leur » partie du projet en surmontant les difficultés financières et les résistances dans leur pays ; la Belgique posait donc deux problèmes : nœud central du futur réseau avec 300 km de voies, c'est le pays qui en tirera le moins d'avantage économique ; de plus, les rivalités entre Wallons et Flamands attisent les susceptibilités locales.

Une clé de répartition des recettes satisfaisante pour la Belgique n'est convenue qu'en novembre 1989. La

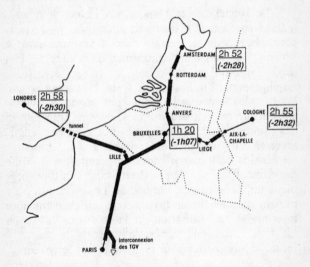

Temps de parcours à partir de Paris.

Le TGV nord-européen : quatre exemples de temps de trajet et de gains de temps prévus en 1992

ligne à grande vitesse Lille-Bruxelles est maintenant prévue pour 1995, les liaisons vers Amsterdam et Cologne pour 1998 ; dans l'intervalle, des voies seront aménagées pour une vitesse de 200 km/h sur une bonne partie du parcours. Le financement de la partie belge a été long à mettre en place mais semble acquis depuis 1994. La construction et la mise en service des différentes parties du réseau seront échelonnées ; ainsi, Paris-Bruxelles ne passera à 2 heures qu'en juin 1996 et 1 h 25 qu'en 1998. THALYS, nom donné en 1994 au TGV PBKA, ne circulera qu'à partir de mai 1996 et n'atteindra son rythme de croisième qu'en l'an 2000. A ce moment-là, il espère faire passer le trafic ferroviaire entre les quatre villes de 3,3 à 6,5 millions de passagers par an.

3. **Le Tunnel sous la Manche, une chance de relancer le fret ferroviaire et le transport intermodal.** — Le rail a perdu beaucoup de terrain face à la route pour le transport de fret : les contraintes d'horaires, les passages route-rail et rail-route, les triages et attentes impliquées par l'utilisation du train, le rendent généralement plus lent que la route. Les systèmes *intermodaux* route-rail (caisses mobiles, wagons transportant des camions ou des remorques, etc.) n'ont pas réussi à inverser cette tendance défavorable au rail. Alors que les besoins de transport devraient continuer à croître rapidement, les problèmes de nuisances et d'engorgement du trafic routier inquiètent. Les pays européens parlent maintenant de favoriser le rail et le transport intermodal. La réalisation du Tunnel sous la Manche est donc l'occasion pour les compagnies de chemin de fer de se réorganiser pour relancer le fret ferroviaire.

A) *Une nouvelle organisation du transport de fret par rail* entre la Grande-Bretagne et le continent a été prévue par *Railfreight Distribution* (RfD), filiale de British Rail, et *SNCF Fret*. Le temps de trajet ne doit plus être un handicap mais un avantage du rail. Actuellement, un wagon met couramment trois jours et demi ou quatre à parvenir en Angleterre et même de onze à quinze jours pour les voitures neuves. Dans l'avenir, le transit venant de Grande-Bretagne devrait prendre vingtquatre heures pour la France, trente-six heures pour le reste de la Communauté européenne. Le transport par rail demandera souvent vingt-quatre heures de moins que par route. Ainsi, de porte à porte, les expéditions Liverpool-Paris et Liverpool-Bruxelles demanderont dix-neuf heures y compris cinq heures d'acheminement initial et terminal. Enfin, l'extension à l'échelle européenne du système *Chronofroid* de caisses mobiles frigorifiques facilitera le transport ferroviaire transmanche des denrées périssables.

Les trains de marchandises circuleront à 120 km/h en Grande-Bretagne, 140 km/h en France ; les progrès décisifs viendront de la limitation des « temps morts », notamment les opérations de triage. Les transports par trains complets — et non par wagons — reliant des centres régionaux de fret de chaque côté de la Manche seront de règle. En Grande-Bretagne, neuf centres régionaux équipés pour le transport multimodal desserviront quotidiennement un des centres de trafic ferroviaire prévus (Crewe, Doncaster et Wembley) ; les trains directs vers les destinations européennes y seront assemblés. Les gares de Wembley côté britannique, de Frethun côté français serviront de relais techniques.

Les compagnies de chemin de fer veulent assurer une haute qualité de service. L'ensemble des opérations de fret transmanche sera géré par un *Centre d'Exploitation de Fret* à Lille. Chaque train sera suivi tout le long de son parcours. Le chargeur pourra suivre sa marchandise en temps réel. Un plan de transport qui garantirait des délais précis à l'usager est prévu. La SNCF et British Rail semblent donc décidés à donner un second souffle au transport ferroviaire de marchandises en devenant des opérateurs logistiques complets.

B) *Investissements et réorganisations engagés par les opérateurs de fret ferroviaire*. — Le total des investissements nécessaires a été estimé à 10 milliards de francs : parc roulant transmanche, nouveaux terminaux de fret et aménagements de lignes en Grande-Bretagne... Fret SNCF et Railfreight Distribution ont décidé de commander quelque 1 600 wagons multifret et de les exploiter en commun. Autre coopération, la SNCF et British Rail ont constitué à Londres une cellule commune de gestion du fret. Enfin, les deux compagnies ont créé des filiales spécialisées communes, par exemple pour le trafic de conteneurs.

Cependant, la privatisation-démantèlement de British Rail entreprise par le gouvernement britannique a très nettement ralenti et compliqué la préparation des services de fret ferroviaire transmanche. Les trains de marchandises ont été les premiers trafics commerciaux passant par le tunnel sous la Manche, à partir du 1er juin 1994 ; les trafics montent en puissance, en particulier pour le transport de voitures neuves Peugeot, Citroën, Rover, Fiat. Mais un travail considérable reste à faire pour tirer pleinement parti des opportunités nouvelles offertes par le Tunnel sous la Manche.

III. — L'impact régional de la réalisation du Tunnel sous la Manche

Les effets de la réalisation du Tunnel sous la Manche se feront sentir non seulement en France et en Grande-Bretagne mais dans le Benelux et le reste de l'Europe. Les deux *régions d'accès* au Tunnel, le Nord-Pas-de-Calais en France, et le Kent en Grande-Bretagne, sont cependant les plus directement concernées par les travaux, les infrastructures et les projets « induits »... mais aussi la concurrence aux ports.

1. Une chance de dynamisation économique du Nord-Pas de Calais ? — Le Nord-Pas-de-Calais est un vieux pays d'industries traditionnelles durement touchées depuis les années 1970 (charbon, sidérurgie, construction navale, textile...). Frappée par le chômage, la région tente de se reconvertir. Dès février 1982, le Conseil régional adoptait le *Rapport Percheron* traitant des aspects régionaux du lien fixe transmanche. En mars 1986, l'Etat et la Région concluaient le Plan Transmanche comprenant un dispositif d'accompagnement détaillé financé aux deux tiers par l'Etat. Conformément aux engagements pris, la construction a stimulé l'activité économique régionale; quant aux préparatifs à l' « après-Tunnel », ils se sont effectués plutôt en ordre dispersé.

A) *L'implication du Nord-Pas de Calais dans la construction du Tunnel sous la Manche.* — La réalisation du projet Eurotunnel relève de l'activité des constructeurs réunis dans TML; lui-même a recours aux services de sous-traitants sur le chantier et de fournisseurs, qui eux-mêmes font appel à d'autres entreprises; la réalisation et les travaux associés stimulent donc l'activité économique locale par une multitude de canaux; suivant la part que les entreprises de la région prennent à ces activités induites, la prospérité économique et l'emploi du Nord-Pas de Calais seront plus ou moins favorisés par le projet mais on ne peut donner que des estimations sur l'impact régional *total* des travaux. L'*emploi sur chantier* par TML et ses sous-traitants est monté régulièrement de zéro à la mi-1986 jusqu'à plus de 5 000 au début de 1990. A la fin des travaux de forage, juin 1991 a représenté un pic avec 5 562 emplois recensés par la coordination grand chantier; une décrue rapide suivra, avec moins de 1 000 emplois pour la fin de 1992. En juin 1991, les grands chantiers régionaux associés — ligne TGV, Rocade littorale et Grand Port à l'est de Calais — occupaient presque 500 emplois : l' « impact chantier » du Tunnel a donc dépassé 6 000 emplois directs début juin 1991. Les neuf dixièmes du personnel pour le chantier venaient de la région, une proportion unique pour un grand chantier (au début juin 1991, 88% du personnel total et 69% des cadres employés par TML), davantage que l'objectif initial de 75% minimum de « régionaux »; c'est le fruit d'une politique volontariste : 800 personnes ont reçu une formation de trois cents heures en moyenne et 98% ont été ensuite recrutées sur le chantier; la priorité avait été donnée aux chômeurs longue durée et aux jeunes; 1 300 « moins de 26 ans » ont travaillé sur le chantier.

Du côté français, pratiquement 54% des contrats de génie civil et 30% des contrats de mécanique et d'appareillage électrique ont été attribués à des entreprises régionales, proportions également supérieures aux engagements de 1986. Des « bourses des appels d'offres » ont aidé les PME à soumissionner ou à travailler en sous-traitance. Les estimations initiales d'Eurotunnel (19 000 emplois créés par la construction en France, dont 11 200 dans le Nord-Pas de Calais) sont donc peut-être même en dessous de la réalité. L'effet sur l'emploi a été indiscutable dans le Calaisis, le taux de chômage y est passé de 17,5% en 1988 à 14,1% en septembre 1992, pour remonter ensuite, il est vrai, à 18,8% deux ans plus tard.

En juin 1990, une cellule d'orientation, la CELLOR, a été constituée au sein de TML pour favoriser les reclassements. Avant que la zone d'activité autour du tunnel génère 6 000 emplois directs et indirects à partir de la mi-1993 (estimation de la DATAR), les pouvoirs publics formeront la moitié de la main-d'œuvre débauchée. En tout cas, le chantier du Tunnel sous la Manche a apporté une expérience et des références appréciées à 5 000 actifs et à un millier d'entreprises du Nord-Pas-de-Calais.

B) *Des projets autour du Tunnel.* — Dès le départ, la préoccupation première de la région a été de promouvoir des projets d'accompagnement du Tunnel, mais les initiatives ont été prises en ordre dispersé et beaucoup ne se sont pas concrétisées. Cependant, d'importantes infrastructures ont été construites et deux grandes réalisations ont vu le jour : Euralille et la Cité de l'Europe.

a) Les réalisations d'infrastructures complémentaires. — L'Etat et les collectivités locales de la région Nord-Pas-de-Calais ont tenu à ce qu'à l'ouverture du Tunnel sous la Manche l'ensemble des infrastructures régionales ait été amélioré. Dans le domaine routier et autoroutier, l'autoroute A26 dite « des Anglais » fournit déjà une liaison avec l'est de la France ; l'autoroute A16 reliera Boulogne à Amiens et à Paris ; une « rocade est » entourera Calais, qui est maintenant relié à Dunkerque et Boulogne par une autoroute littorale. En plus de la réalisation de la ligne du TGV Nord et des gares correspondantes, d'autres liaisons ferroviaires seront améliorées. Plusieurs infrastructures maritimes et aéronautiques font l'objet de travaux tels que l'extension du port à l'est de Calais et la construction d'une nouvelle aérogare à l'aéroport de Lille-Lesquin.

b) Euralille et la Cité de l'Europe. — Pierre Mauroy, maire de Lille, avait eu à cœur de favoriser la relance des projets de Tunnel sous la Manche comme premier ministre de 1981 à 1984. L'ambition de Lille était de valoriser sa position carrefour entre Angleterre, France et Belgique grâce au TGV Nord ; d'ailleurs, pour que le TGV transmanche puisse s'arrêter à Lille, le surcoût de 800 millions de francs avait été partagé entre l'Etat et les collectivités locales. Un projet particulièrement ambitieux de centre international d'affaires à cheval sur la gare TGV de Lille Europe a ainsi été monté, combinant immobilier de bureau, centre d'affaires, palais des Congrès et centre commercial sur 70 ha en centre-ville : 5,2 milliards d'investissements, le plus grand chantier urbain d'Europe. De même, les opérations dites de développement sur le terminal français, dont la surface le permet, cherchent à tirer parti de la position géographique nouvelle de Calais, avec de plus l'attraction du site du terminal. En revanche, juridiquement la situation est plus complexe, du fait que le terminal français sert en premier lieu à une concession couverte par une Zone d'Aménagement Concerté (ZAC) d'Etat. Cependant, des opérations ont pu être montées, en particulier la Cité de l'Europe, aménagée par Espace Expansion : un centre de 90 000 m² sur deux niveaux comprenant un centre commercial, des boutiques, et un complexe de cinéma de 12 salles. Il ouvre au printemps 1995. En revanche, le sort de la zone du terminal baptisée ZAC 2 qui doit être aménagée en concertation avec les collectivités locales restait indéterminé au début de 1995.

La dynamisation du Nord - Pas-de-Calais n'est visiblement qu'amorcée, la conjoncture économique du début des années 1990 et le poids du marasme économique régional des dernières décennies se font sentir. Il faut cependant souligner qu'Euralille et la Cité de l'Europe représentent deux opérations de développement d'importance européenne réalisées en France au début des années 1990. Enfin, Eurotunnel compagnie de transport emploie 1 200 personnes du côté français auxquelles s'ajoutent administrations, sous-traitants, fournisseurs, et également les activités attirées par la Cité de l'Europe.

2. **Le Kent : une adaptation prudente.** — Traditionnellement, le Kent est beaucoup plus agricole et résidentiel qu'industriel et fait figure de « grande banlieue » de Londres ; moins riche que la moyenne britannique, il est moins touché par le chômage ; les habitants aspirent davantage à préserver leur cadre de vie tradi-

tionnel qu'à favoriser des activités nouvelles : en 1990, le président du comté du Kent s'inquiétait de la « croissance artificielle » de la ville d'Ashford entraînée par les travaux et envisageait des mesures restrictives... Le Kent n'attend pas d'avantages notables sur l'activité et l'emploi ; l'accompagnement du projet n'a donc pas été planifié même si certains projets ciblés voient le jour.

A) *Un impact variable sur l'emploi local et régional.* — Au départ du projet, Eurotunnel prévoyait qu'en 1990, au maximum des travaux, environ 5 000 personnes seraient occupées sur le chantier, dont près de 4 000 par TML ; les fournisseurs occuperaient plus de 400 personnes en moyenne. Ces prévisions ont été dépassées : en janvier 1990, TML à lui seul occupait 6 500 personnes dont la moitié de « régionaux ». Au cours de l'année 1989, le nombre de chômeurs a diminué de 4 900 personnes dans le Kent, tandis que TML augmentait ses effectifs de plus de 1 600.

Pendant l'exploitation, les activités sur les sites de Cheriton et d'Ashford devraient employer quelque 3 100 personnes en 1993, 3 700 en 2003, plus environ 30 % d'emplois dérivés supplémentaires. Il est clair que les ports devraient subir des pertes sensibles, notamment Douvres, Folkestone et Ramsgate. Les premières enquêtes de départ ont conclu à un impact direct négatif de l'exploitation du Tunnel sur l'emploi *régional* au départ (— 1 400 à —4 400), positif par la suite (de + 1 700 à + 3 000 en 2003). Une reconversion partielle des ports touchés et des activités de substitution pourraient cependant améliorer ce bilan.

B) *La mise en place de projets ciblés.* — Dans le domaine des infrastructures, le prolongement de l'autoroute M2O de Londres jusqu'à Folkestone est en service depuis mai 1991 ; la liaison ferroviaire Folkestone-Londres doit être améliorée ; en revanche, le financement de la construction de la gare internationale prévue à Ashford n'avait toujours pas été réuni à la mi-1991, ce qui a conduit Eurotunnel à exprimer son inquiétude.

Les autorités locales ont mis petit à petit en place des actions limitées au niveau local. Dans le Kent, les autorités régionales se font l'écho des préoccupations et inquiétudes de leurs administrés, mais une coopération étroite avec Eurotunnel s'est engagée dès le départ, en particulier sur la formation, les activités scolaires et associatives et le développement régional : Sir Alastair Morton, coprésident d'Eurotunnel, préside le Conseil Formation et Entreprise du Kent.

Des villes comme Douvres, menacée de perdre 6 000 emplois

après l'ouverture du Tunnel et le futur allégement des formalités douanières européennes, cherchent à réagir ; depuis l'été 1991, la *White Cliff Experience* y propose des attractions historiques tandis que les activités portuaires sont réorientées vers le fret. Le prix élevé des terrains du Kent limite les possibilités d'implantations ; cependant, en misant sur la qualité, la région peut attirer des sociétés intéressées à s'implanter en Europe dans un environnement anglo-saxon.

En dehors de la France et de la Grande-Bretagne, les régions belges sont les plus directement concernées par l'ouverture du Tunnel sous la Manche. Le 21 juin 1991, la *Wallonie,* la *Flandre* et *Bruxelles-capitale* se sont jointes au *Kent* et au *Nord-Pas de Calais* pour proclamer la naissance de la première *Eurorégion* de 15 millions d'habitants. Les cinq régions veulent élaborer et défendre une stratégie commune de développement au sein de l'Europe. Dans le domaine régional comme dans d'autres, la construction du Tunnel sous la Manche a accéléré une prise de conscience européenne même si la concrétisation des projets est souvent longue à venir...

Conclusion

LE PROJET EUROTUNNEL
ET L'OPINION PUBLIQUE

Depuis le XIXe siècle, les Français ont la réputation d'être attirés par les grands travaux; cependant, en 1884, la décision britannique de mettre fin à la construction d'un tunnel sous la Manche a refroidi l'opinion française pour longtemps. En Grande-Bretagne, l'idée resurgissait périodiquement, écartée chaque fois par les militaires. En 1955, leur objection était officiellement levée. Les projets des années 1960 et même les travaux de 1974-1975 n'ont cependant pas mobilisé l'opinion : toute l'affaire avait été menée par un groupe restreint d'ingénieurs, de hauts fonctionnaires, d'hommes politiques et de représentants d'entreprises; quand le projet est abandonné sur décision britannique en 1975, l'impression dominante est que le Tunnel sous la Manche est une affaire classée. Cependant, dix ans après, l'opinion publique prendra une tout autre importance dans le projet Eurotunnel.

I. — 1985-1986 : intérêt prudent en France, organisation des oppositions en Grande-Bretagne

L'appel d'offres de 1985 a été accueilli avec un scepticisme teinté de sympathie du côté français, de réticence du côté britannique ; à partir du choix officiel du projet Eurotunnel en janvier 1986, le projet s'est attiré l'intérêt des médias... et a suscité des réactions très contrastées des deux côtés de la Manche.

En Grande-Bretagne, les parlementaires sont apparus plutôt favorables au projet dès 1985 ; malgré la défaveur de l'opinion (51 % d'hostiles contre 31 % de favorables selon un sondage du début de 1986), 309 parlementaires contre 44 approuvaient en juin 1986 le lancement d'une procédure d'hybrid bill tendant à la ratification du traité du Tunnel sous la Manche. Les intérêts et sentiments « anti-Tunnel » ont alors déclenché une véritable « bataille d'Angleterre » contre le projet. Constitué par les ports et les compagnies maritimes pour faire échec aux projets de « lien fixe », le lobby *Flexilink* a donné le ton en lançant des campagnes publiques outrancières sous le slogan « The Channel Tunnel : the black hole that will put England in the red » (« le Tunnel sous la Manche : le trou noir qui va mettre l'Angleterre dans le rouge »). Relayées par la presse populaire, des attaques d'une virulence difficilement compréhensible pour un Français exploitaient réflexes nationaux et inquiétudes régionales des Britanniques, en particulier en matière d'environnement, de sécurité, de santé et d'emploi : le Tunnel sous la Manche a ainsi été présenté « sérieusement » comme un danger pour les voyageurs exposés aux incendies ou aux attentats de l'IRA, un risque de propagation de la rage, et même d'extension du SIDA et de la drogue en Grande-Bretagne ; le Kent serait plongé dans la dépression par la baisse d'activité maritime, risquerait des fumées toxiques, une dégradation de son cadre naturel... La Chambre des Communes a dû examiner 4 845 pétitions, la Chambre des Lords 1 457 au cours de la procédure parlementaire. En France, les médias et l'opinion publique étaient largement favorables au projet (à 69% selon un sondage d'août 1985, à 74% dans le Nord-Pas de Calais), mais sans passion; les réticences locales, notamment à Calais, ne mobilisaient ni les médias, ni l'opinion. Enquête publique et procédure parlementaire se sont donc déroulées normalement.

Dès le premier semestre 1986, Eurotunnel s'attache à mettre en valeur le projet et à répondre aux critiques en particulier du côté anglais. Des premiers centres d'information sont montés à Folkestone et à Calais, et une documentation abondante est diffusée. Conférences, colloques sont multipliés, en particulier dans le Kent, mais aussi dans le reste de la Grande-Bretagne, pour souligner son intérêt à obtenir les liaisons les plus directes et les plus commodes avec le Continent.

II. — 1987 : conquête de l'opinion française et percée britannique

En 1987, Eurotunnel devait faire aboutir le processus de ratification puis motiver le public en France et en Grande-Bretagne à participer à l'augmentation de capital prévue. La priorité était donc de surmonter le barrage dressé par les oppositions britanniques. Au début de l'année en Grande-Bretagne, l'approche de la décision a fait atteindre son paroxysme à la campagne contre le projet. Cependant, le 6 mars 1987, le ferry *Herald of Free Enterprise* fait naufrage à la sortie du port de Zeebrugge; 135 passagers périssent dans la catastrophe; cette tragédie ébranle profondément les Britanniques. Ce fut un tournant : les tentatives de discréditer le projet Eurotunnel pour défaut de sécurité ne porteront plus. Les critiques de Flexilink se concentrent alors sur les aspects économiques du projet et notamment les prévisions de trafic et de revenus d'Eurotunnel, présentées comme irréalistes. Même cette partie du « message » de Flexilink ne sera pratiquement jamais reprise en France tant le décalage des réactions était grand entre les deux côtés de la Manche.

C'est dans ce contexte difficile du côté anglais qu'Eurotunnel lance une grande campagne de publicité dans la presse, sous le thème « Eurotunnel, un pas de géant » en France, « A breakthrough for Britain » en Grande-Bretagne. En février 1987, 84 % des Français connaissaient le projet de Tunnel sous la Manche mais seuls 24 % avaient entendu parler d'Eurotunnel, proportion qui montera à 70 % en décembre. De nombreux reportages passent dans les médias sur les travaux préparatoires, le programme des forages, le futur système de transport... L'opinion française se met à croire au projet et une minorité de Britanniques commence à s'y intéresser davantage. Finalement, les deux Parlements nationaux donnent leur accord définitif à la ratification du Traité et de la concession ; en juin 1987, le vote du Parlement français à l'*unanimité* — fait rarissime — témoigne du retentissement exceptionnel atteint par le projet dans l'opinion. Le 22 juillet, la Chambre des Communes britannique nouvellement élue votait à une forte majorité en faveur du Traité : le projet s'était imposé à la classe politique sans que l'opinion publique, encore réticente, ne s'insurge. Le 29 juillet, la cérémonie d'officialisation de la ratification du Traité de Cantorbéry concluait spectaculairement la première partie de « l'année la plus longue » du projet.

Il restait encore à Eurotunnel à obtenir comme il le désirait le soutien de nombreux actionnaires en France et en Grande-Bretagne. Quelque 200 000 particuliers en France et 100 000 en Grande-Bretagne se décident à devenir « actionnaires du plus gigantesque péage du monde » (selon le slogan adopté côté français) en souscrivant à l'émission publique d'actions (voir le chap. VI) un mois après le krach boursier d'octobre 1987 ; le « plus grand projet privé du siècle » s'est visiblement ancré dans l'opinion.

III. — De 1988 à la mi-1989 : vague d'engouement des Français pour le projet

Au début de 1988, le projet donne enfin l'impression de s'installer dans la durée ; les deux premiers forages démarrent lentement ; en Bourse, le cours de l'unité Eurotunnel reste très stable de mars à septembre autour des 35 F, son cours d'émission lors de l'augmentation de capital. Durant l'été, les retards pris lors du démarrage des forages donnent lieu à quelques remarques mais à partir de l'automne les Français et Britanniques se convainquent progressivement qu'un énorme chantier se met en place ; les moyens considérables mobilisés par les constructeurs frappent l'opinion. Les premiers différends publics entre Eurotunnel et TML n'inquiètent donc pas sérieusement l'opinion. D'octobre 1988 à mai 1989, le cours de l'unité Eurotunnel triple, passant de moins de 40 F à plus de 120 F en quelques mois. C'est une période d'engouement extraordinaire pour le titre, en particulier de la part des Français : chaque montée du cours encourageait de nouveaux achats. Au début de 1989, Eurotunnel a même déclaré qu'une telle hausse du cours ne pouvait pas se fonder raisonnablement sur l'avancement constaté des travaux...

Cet emballement de l'opinion en France s'est traduit par une couverture médiatique continue depuis le début des travaux et par une affluence record dans le centre d'information qu'Eurotunnel a ouvert en France près du puits de Sangatte en août 1988 : équipé d'une maquette animée du futur système de transport, il arrivera les années suivantes à attirer 500 000 visiteurs par an. En Angleterre, le centre d'information de Folkestone est devenu pour sa fréquentation le deuxième monument du Kent après la cathédrale de Cantorbéry. En fait, les oppositions locales se sont cristallisées sur les projets de ligne ferroviaire à grande vitesse à travers le Kent; les nombreuses précautions « écologiques » prises par les constructeurs au cours des travaux ont apparemment permis de limiter les protestations d'une opinion locale très chatouilleuse.

IV. — De la mi-1989 à la fin de 1990 :
l'opinion entre inquiétude et enthousiasme

Alors que la presse commence à agiter la perspective de surcoûts, Eurotunnel annonce le 21 juillet 1989 que des hausses de coûts importantes sont à prévoir et qu'il faudra mettre en place un financement complémentaire. Une période s'ouvre où la conjonction de succès dans les forages et d'incertitudes financières va entraîner une certaine perplexité de l'opinion. Le cours de l'unité chute de moitié en trois mois, arrivant aux alentours de 55 F en octobre. Il fluctue ensuite en fonction de l'évolution de la crise : le cours chute jusqu'à 38 F en août-septembre 1990 au cours des négociations bancaires prolongées puis revient à 50 F à l'annonce de l'obtention des crédits, à la fin octobre. Pendant cette longue période d'incertitude, des rumeurs fantaisistes (d'inondations dans les tunnels, d'arrêt des travaux...) et des critiques périodiques adressées à Eurotunnel dans la presse ajoutaient au sentiment de malaise.

Le 2 novembre 1990, Eurotunnel annonce qu'il procédera à une augmentation de capital d'environ 5,7 milliards de francs à partir du 12 novembre suivant, en offrant de nouveaux avantages tarifaires (voir le chap. VI). Dès la fin mai, une campagne de publicité avait été lancée : un compte à rebours indiquait que dans le tunnel de service il ne restait plus que *8 933, 8 482* m à forer avant la première jonction sous la Manche ... puis *3 581* début septembre et enfin *148* m fin octobre. Le 1er décembre 1990, la première jonction sous la Manche dans le tunnel de service se produira en direct devant des millions de téléspectateurs européens.

Le déroulement de l'augmentation de capital a été paradoxal. Début novembre 1990, le cours de l'unité Eurotunnel retombe à 41 F ; au cours de l'opération, le cours de l'unité tombera même à 31 F et de nombreux commentaires pessimistes se répandront dans la presse. Cependant, on apprenait en décembre que le public avait souscrit directement 92 % de l'augmentation de capital (83 % côté anglais, 97 % côté français) ; le cours de l'unité remontait rapidement et dépassait les 50 F au début de 1991. 480 000 Français et 120 000 Britanniques étaient alors actionnaires d'Eurotunnel ; le nombre de bénéficiaires d'avantages tarifaires atteignait 266 000 en France et 106 000 en Grande-Bretagne. Un public important continuait visiblement à croire au projet.

V. — 1991-1994 : en attendant l'ouverture

A la fin des forages, en mai et juin 1991, l'opinion publique française s'est convaincue que le Tunnel sous la Manche deviendrait bientôt une réalité, sans toujours réaliser l'ampleur des tâches restant à accomplir pour réaliser le système de transport.

Toujours moins enthousiastes que les Français, les Britanniques ont semblé s'habituer progressivement à l'idée du Tunnel : en mars 1991, un quart d'entre eux envisageaient de l'emprunter même si 15 % se disaient dissuadés par peur pour leur sécurité, un tiers par claustrophobie : l'accident du métro de Londres de décembre 1987 semble être resté dans les mémoires. Les craintes de passage de la rage à travers le Tunnel ne se sont pas dissipées. S'y ajoute toujours un sentiment nostalgique de perte de l'identité insulaire de la Grande-Bretagne. Les Britanniques mettront sans doute longtemps à accepter tout à fait le « Chunnel » (Channel Tunnel), sujet si sensible qu'il a beaucoup inspiré leurs humoristes[1]. Ils ont eu d'autant plus de mal à comprendre les annonces successives de surcoûts et de retard qui ont abouti à un nouvel appel aux banques et aux actionnaires en 1994. Le report, en février 1994, de l'ouverture, alors que la campagne de publicité avait commencé et que les tarifs des navettes étaient annoncés, a évidemment déconcerté. Trois mois plus tard, le 6 mai 1994, le Tunnel sous la Manche était inauguré par le président de la République française, François Mitterrand et la reine du Royaume-Uni, Elisabeth II, qui traversaient devant des millions de téléspectateurs en Rolls Royce à bord d'une navette. Puis les services de préouverture commençaient, dès le 19 mai pour les camions. Les actionnaires ont donc souscrit largement l'augmentation de capital de juin 1994 malgré leur déception d'un cours de bourse tombé à moins de 25 F et de devoir à nouveau mettre la main au portefeuille. Du côté français, les interrogations des actionnaires avaient conduit à la création d'une association pour la défense des actionnaires d'Eurotunnel. En 1994, on comptait environ 635 000 actionnaires d'Eurotunnel, le plus gros étant un fonds d'investissement... américain.

VI. — **Premières traversées**

Les actionnaires et les voyageurs transmanche peuvent tester par eux-mêmes les trains Eurostar et les navettes touristes, tandis que les camionneurs prati-

1. Comme en témoigne la compilation *Maudit Tunnel bien-aimé* publiée par The Channel Tunnel Group Ltd en 1992.

quent les Shuttle fret depuis l'été. Les prix promotionnels régulièrement offerts par les ferries, les facilités offertes par Eurostar et les navettes inciteront manifestement les « continentaux » et en particulier les Français à passer de courts séjours en Angleterre. Dès la mise en service d'Eurostar, de nombreux voyageurs, français mais surtout britanniques, moins familiers du TGV, ont exprimé leur satisfaction et leur surprise devant l'absence de stress au moment du passage dans le tunnel : une vingtaine de minutes au milieu du trajet sans bruit ni inconfort particulier. Il en est de même pour les navettes : comme « on ne voit pas la mer » quand on prend la navette silencieuse et rassurante, « on se sent rassuré » disent de nombreux voyageurs ; ils remarquent aussi que ces trente-cinq minutes sans fumer ni distractions prévues sont tranquilles, peut-être même monotones. En tout cas, le public semble réagir avec intérêt aux nouveaux services de transport qui s'offrent maintenant à lui, en ne prêtant qu'une attention limitée aux incidents de rodage du système de transport, ou aux inconvénients à corriger, comme les risques d'accrochage du plancher des — rares — voitures dont le plancher est à moins de 8,7 cm du sol.

Cela ne signifie pas que le Tunnel sous la Manche et l'entreprise Eurotunnel se soient banalisés en 1994. Au contraire, les réticences britanniques se sont manifestées à nouveau sous forme d'une dramatisation médiatique de questions mineures. Ainsi, des rumeurs d'infiltration d'eau dans le Tunnel ont inquiété en septembre 1994, alors que tous les tunnels souterrains en admettent et que les arrivées d'eau ne correspondent qu'à environ 1 % de la capacité de pompage installée dans les tunnels. De même les craintes régulièrement formulées du côté britannique sur la sécurité et la sûreté du Tunnel apparaissent disproportionnées, notamment par rapport aux moyens de transport concurrents. Cependant, ces phénomènes d'opinion ne dissuadent apparemment pas de nombreux Britanniques de passer par le Tunnel. En revanche, la persistance des inquiétudes financières due aux incertitudes sur la montée en puissance des trafics et des revenus a conduit à de nouvelles phases de chute des cours de bourse jusqu'à 16 F à l'automne 1994. Le souvenir des échecs financiers d'Orlyval et d'Eurodisney ces dernières années reste vivant. Le président de l'association des actionnaires a même demandé publiquement la nationalisation d'Eurotunnel pour indemniser ensuite les actionnaires. L'aventure financière du projet n'est pas terminée, l'opinion y est très sensible.

Réticences et difficultés subsistent.

Cependant, la réalisation du Tunnel sous la Manche finira peut-être par rester dans l'histoire comme le symbole de l'ouverture progressive de la Grande-Bretagne à l'Europe à la fin du XXe siècle.

BIBLIOGRAPHIE

OUVRAGES

Bonnaud L., *Le Tunnel sous la Manche, deux siècles de passion,* Hachette, 1994.

Eurotunnel, *Maudit Tunnel bien-aimé,* The Channel Tunnel Group Ltd, 1992.

Gintzburger J.-F., *Cent milliards sous la Manche,* Editions La Voix du Nord, 1994.

Holliday I., Marcou G., Vickerman R., *The Channel Tunnel, Public Policy, Regional Development and European Integration,* Belhaven Press, 1991.

Hunt D., *The Tunnel,* Images Publishing, 1994.

Lemoine B., *Le Tunnel sous la Manche,* Editions du Moniteur, 1990. Réédition 1994.

Marcou G. et al., *Le Tunnel sous la Manche entre Etats et marchés,* Presses Universitaires de Lille, 1992.

Navailles J.-P., *Le Tunnel sous la Manche, deux siècles pour sauter le pas, 1802-1987,* Champ Vallon, 1987.

Sasso B., Cohen-Solal L., *Le Tunnel sous la Manche, chronique d'une passion franco-anglaise,* Lieu Commun, 1994.

Société des Ingénieurs et Scientifiques de France-Institution of Civil Engineers, *The Channel Tunnel,* Institution of Civil Engineers, 1989.

Wilson J., Spick J., *Eurotunnel, chronique d'un rêve accompli,* Solar, 1994.

BROCHURES ET PÉRIODIQUES

Annales des Mines (Les), Le Tunnel sous la Manche, éd. spéciale, mai 1988.

Eurotunnel, Notice d'information pour les augmentations de capital de novembre 1987 et de novembre 1990 et juin 1994.

Eurotunnel, Rapports annuels et semestriels (depuis 1987).

Eurotunnel Magazine, *Le livre-programme de l'Inauguration,* RFC, 1994.

Gallois P., *Les grandes étapes du lien fixe transmanche d'hier à aujourd'hui,* Syndicat d'Initiative de Wissant, 1992.

Revue Travaux, *Le Tunnel sous la Manche,* 1992.

Réalités industrielles, Dossier *Le Tunnel sous la Manche,* mai 1994.

Revue générale des Chemins de fer, *Le Tunnel sous la Manche,* déc. 93, févr. 94 (2 tomes).

TABLE DES MATIÈRES

Imprimé en France
Imprimerie des Presses Universitaires de France
73, avenue Ronsard, 41100 Vendôme
Juin 1995 — N° 41 689